爱上科学
Science

给孩子的
天气书

探索天气的奥秘

■ [美] 杰茜卡·斯托勒－康拉德　著
（Jessica Stoller-Conrad）

刘波 徐嫩羽　译

U0332350

人民邮电出版社
北　京

图书在版编目（ＣＩＰ）数据

给孩子的天气书 ：探索天气的奥秘 ／（美）杰茜卡
·斯托勒-康拉德著 ；刘波，徐嫩羽译. -- 北京 ：人民
邮电出版社，2022.5
（爱上科学）
ISBN 978-7-115-57721-4

Ⅰ．①给… Ⅱ．①杰… ②刘… ③徐… Ⅲ．①天气－
少儿读物 Ⅳ．①P44-49

中国版本图书馆CIP数据核字(2021)第214143号

版 权 声 明

内 容 提 要

本书是一本简单易懂的讲述天气奥秘的科普书，全书共分为 3 个部分，讲述了生活中出现的各种天气现象和气象灾害。本书从典型的天气现象切入，例如风、云、雨、雪、雾等，揭示了日常生活中各种天气现象背后的原理，书中还配有许多有趣的实验，读者可以自己动手做一做。本书内容源于天气又不止于天气。这是一本科学启蒙书，适合青少年以及所有爱好天气和科学的读者阅读。

- ◆ 著　　　　[美]杰茜卡·斯托勒-康拉德（Jessica Stoller-Conrad）

  译　　　　刘 波　徐嫩羽

  责任编辑　胡玉婷

  责任印制　陈 犇

- ◆ 人民邮电出版社出版发行　　北京市丰台区成寿寺路 11 号

  邮编 100164　电子邮件 315@ptpress.com.cn

  网址 https://www.ptpress.com.cn

  雅迪云印（天津）科技有限公司印刷

- ◆ 开本：800×1000　1/16

  印张：10.25　　　　　　2022 年 5 月第 1 版

  字数：163 千字　　　　 2022 年 5 月天津第 1 次印刷

  著作权合同登记号　图字：01-2021-2458 号

定价：89.80 元

读者服务热线：(010)81055493　印装质量热线：(010)81055316
反盗版热线：(010)81055315
广告经营许可证：京东市监广登字 20170147 号

写给蒂姆（Tim）、弗雷迪（Freddie）、费利克斯（Felix），
是你们让我的生活气象万千。

目录

译者序

写给孩子家长的话

你是否还记得，当自己还是个小朋友的时候，经常会情不自禁地问出一连串的问题。比如，"小雨点是云朵妈妈的孩子吗""太阳公公为什么总是跟着我""为什么我们总是先看到闪电，后听到雷声"等，但随着我们慢慢长大，我们似乎越来越问不出这些问题了，那些原本属于我们的想象力和好奇心不知道什么时候悄然离我们而去了。

自从大学开始学习气象学，到硕士、博士、博士后研究气象学，再到从事气象科普工作，转眼已经超过20年，我一直以来都想出一本给孩子们看的、真正从他们的角度来认识气象的科普书。2020年12月，这样的一个机会来了，人民邮电出版社的魏勇俊编辑联系我，希望我能帮忙评估一本名为 *The Big Book of Weather: A Look at How Things Work for Kids* 的书是否值得引进，我大概花了一个晚上的时间来阅读，感觉这本书无论是整体构架还是内容组织都满足一本优质的科普书的基本要素，因此，给了他可以考虑引进的建议。2021年1月，在拿到书的引进版权后，魏编辑又邀请我来翻译，我觉得对我来讲，这也是一个能够部分满足自己心愿的机会（我最终的心愿是自己写一本原创的优质气象科普书）。在这种情况下，我欣然接受，并且又找到了毕业于北京大学传播学专业的硕士研究生徐嫩羽共同完成这项工作。

这绝不是一本刻板的"教科书"，而是一本让你从来不会觉得无聊的"活动书"，这本书给了你与你的孩子一起探索科学的机会——开展科学实验。比如，你们可以一起用鱼线和冰来生产雪花，一起用发胶和热水来制作云，一起用塑料袋和水来重现"水的循环"，甚至可以一起体验一下做一名天气预报员。从现象到原理再到实验，本书一步步带你走近气象科学，而且过程非常好玩儿。每一章节都是从你身边的现象开始讲起，然后讲述相关知识，再引导读者进行实验探索。比如，先讲讲日常生活中的云，再讲讲云是怎么形成的，每种云预示着什么天气，最后亲手制作一朵云，观测云并预报天气。同时，你可以了解那些"最"知识——哪里的雨下得最多？哪里的雪下得最厚？哪里的风最大？你还可以探索电影里的虚幻场景是否能够在现实中存在，雪是不是艾莎公主创造出来的？要多少气球才能实现《飞屋环游记》中的场景？

　　本书内容源于气象又不止于气象。希望这本书成为你孩子的气象启蒙书、科学启蒙书。最后，愿天下的孩子都能有个科学梦，并且美梦成真。

刘波

简介

世界上有什么

你是不是也遇到过这样的场景？早晨，你在沙滩上晒太阳，享受着灿烂的阳光，然而一到中午，却狂风大作、暴雨倾盆。一周之前的早上，你穿着 T 恤和短裤去学校，感到很舒适；但一周之后，你却裹着厚厚的大衣还感觉冷得瑟瑟发抖。与地球上的天气打交道，常常让人伤透了脑筋。

世上的万物是如何发展变化的呢？天气变化表面上看很随意，但本质上，无论是你在沙滩上遭遇的狂风暴雨，还是你在一周内经历的气温骤降，其背后都隐藏着一定的科学道理。通过阅读这本书，你可以理解这些古怪的天气变化，读懂每天看到的和听到的天气事件。当你读完这本书，你会了解更多有关天气和气候的知识。

首先，介绍一下我自己

和你一样，我经常对世界的运转方式感到好奇。我在美国北部的印第安纳州长大，因此，每年都有机会经历四季的极端天气，脑袋里常常会冒出"十万个为什么"。

例如，每年夏天，我会经常遇到雷雨天气，偶尔也会遇到龙卷风。所以我就开始思考，一般的雷雨天气和伴随着龙卷风的雷雨天气有什么不同呢？每年冬天，我的家乡总是下雪，但是有的雪无法堆成雪人或者搭成城堡，这时我就会问，为什么有些雪可以捏成雪球，而另外一些雪却不行呢？

等我稍微长大了一点，我更加热衷于学习和提问。我了解到，科学家会花很多时间去观察世界并且探索世界，所以我立志要当一名科学家。

后来，我成为了一名生物学家，也就是研究生命的科学家。我的工作就是观察、提问、设计实验和发现生命奥秘。这种感觉非常奇妙，然而我慢慢地意识到，我最喜欢做的事情是把我学到的知识告诉我的朋友和家人，让他们也热爱科学。

因此，我现在是一名科普作家。我的工作是把世界是如何运转的科学道理解释给大家听。我非常荣幸有这个机会与你一起分享气象科学知识。

你会在书里找到什么

本书使用通俗易懂的方式对天气事件进行科学解释。天气事件有时候被称为**天气现象**。一个单一的事件是一个**现象**。如果你觉得部分名词有点陌生，是因为它们是专业名词。

> 阅读本书的过程中，你经常会遇到加粗的字体。这些内容对你来说非常重要。掌握这些内容会帮助你更好地理解科学现象。你可以在本书最后的术语表里找到所有重要术语的解释。

接下来我们将更进一步。作为读者，你也是本书的重要参与者。你不仅要学习有关天气现象的知识，比如云是由什么组成的，而且可以通过实验来亲自体验云为什么会形成、云是怎样形成的。你只需要使用一些简单的工具，就可以在自己家的厨房里看到云。

为什么这些实验如此重要？首先，做实验很有趣！你将会制造出蒸汽、泡泡等神奇的东西，而且每个实验都会帮助你更好地理解科学概念。亲自做实验是学习科学的最好方式。

科学方法

　　完成书中的实验，像真正的科学家一样去解决问题，也就是使用**科学方法**。科学方法是科学家在尝试回答我们不理解的事物时的一整套步骤。

> 一个真正的实验总是包含一个或多个问题。如果你确切地知道接下来会发生什么，那就不叫实验了，而是叫证明。

以下是具体的实验步骤：

1. 选择一个你感兴趣的主题，记录下你的观察。

2. 对于这个主题，你有什么感兴趣的问题？

3. 建立一个假设。**假设**是一个可能正确的答案，是你认为可能会发生的事情，也可以是一个你可以验证的想法。

4. 设计一个实验，通过实验来验证这个假设是否正确。

5. 对实验结果进行预测。

6. 做实验，观察实验结果。

7. 思考：实验结果与你的预测是否一致？实验结果如何回答你的问题、验证你的假设？你学到了什么？

　　因为你刚接触实验，我会帮助你设计好实验步骤。你需要做的是形成自己的假设和做出预测。当你完成每个实验的时候，你都要问自己一些问题，这样你才可以更好地了解到底在发生什么。你可以问自己：我的预测正确吗？实验结果是否支持我的假设？既然我已经在真实的生活中看到了这种现象，又能得出什么结论？

你需要如何开始

你的家里不大可能有设备齐全的实验室，我们的实验不需要像显微镜这样的专业器材，也不需要昂贵或者罕见的材料。你可以在家里找到你需要的大部分实验工具，也可以在杂货店或者文具店找到家里没有的工具。我将教你详细的步骤，有时候你也会需要大人的帮助。

你可能已经在学校里系统地学习了关于天气和地球科学的课程，所以本书将不会重复这些内容。本书将提供更多的科学解释和实验，你的学习会更加深入。

天气技能是生活技能

当你阅读这本书的时候，你可以在科学课上炫耀你获得的科学知识。同时，学习天气知识也会对你的课外生活有所帮助。了解影响天气的要素可以帮助你做出户外活动的计划，也可以让你学会如何在气象灾害中保护自己。你学到的内容还能够帮助你理解有关气候变化的讨论，了解气候将如何影响我们的生活。

比如，当天气预报员说低压系统正在进入你所在的地区的时候，你会理解这是什么意思，低压系统又将如何影响你在公园举行生日聚会的计划。

阅读完本书，你将会发现这些问题的答案，现在就让我们一起来学习吧。

第1部分

天气基础知识

第1章

你真的可以控制天气吗

你有没有想过这些问题：为什么会下雨？有没有两片雪花是一样的？是什么促成了飓风（飓风和台风都是热带气旋，只是发生的地点不同，本书第10章将详细讲解）的生成？你很幸运，你将会在本书中找到这些问题的答案，而且还能学到更多知识。

本书的每一章都重点阐述一种天气现象。有些读者愿意从头开始阅读。但是，如果你对某种天气现象特别感兴趣，也可以通过目录找到这部分内容来提前阅读。每个章节的开始部分，我都会用通俗易懂的方式讲述一种你听到的或看到的天气现象及其背后的科学原理。你也会了解这些天气现象将如何变化。同时，你还会学到科学家是如何预测气候变化的。

除了阅读以外，你一定想做更多的事情，获得更多的收获。所以，我将通过3种不同的实验来帮助你理解每种天气现象背后的科学原理。

快问快答： 这些简单的问答可以帮助你在几分钟内学习天气事件背后的科学原理。

观察： 这些实验可以帮你更好地理解这些概念，可能需要几个小时到几天的时间才能看到结果。

到户外去： 我们将把大自然当作我们的实验室，让真正的天气在户外发生，从而更好地学习气象知识。有些实验可能与你当地的气候或者此时的天气不符，但是不用担心，你可以选择其他的实验。

我会帮助你使用科学的方法，从而像真正的科学家一样工作。我们来看一下天气在现实生活中是如何变化的。

从假设开始

在户外散步的时候，如果你看到天空布满了云，那么也许你就会想：云是怎么形成的呢？

翻开第4章，你就会找到很多关于云的知识，云是怎么形成的，天气如何影响云的变化？接着，你可以开始做实验。

每个实验由"思路"开始，包括你将会做什么以及这个实验会证明什么。比如，在第4章"厨房中的云"的实验中，你会使用热水、发胶、罐子和冰块在室内制作云。

当你读完"思路"部分，再回想一下你在这一章学到的自然界中的云的形成方式，想想你将如何开展实验，这个实验与云的形成有什么关系。现在，你需要建立一个你自己的假设，当热水沸腾，水蒸气上升，接触到冰冷的盖子时，会发生什么？

在你真正动手做实验之前，找一个笔记本，记录下你的假设。你可以写"如果……会……"的预测。

比如，你可能会预测："如果罐子里的热的水蒸气上升，接触到冰冷的盖子，水蒸气就会冷却成云。"

很棒！刚刚我们一起完成了我们的第一个假设！

没准你已经迫不及待地想要开始动手做实验了，但是在此之前，你必须要先学习一下注意事项。在注意事项中，你可以读到你是否需要使用特殊器材或者寻求成年人的帮助，这可以在实验中保障你的安全。

如果一些实验有危险性，或者你需要特殊器材和寻求成年人的帮助，注意事项都会提醒你，从而保障你的安全。

带上你的雨靴和防晒霜，我们出发吧！

验证你的想法

在你开始做实验之前，请仔细阅读材料清单，保证你已经准备好所有材料。你可以在家里找到大部分的材料，你可以去杂货店、文具店或超市购买家里没有的材料。这些材料很常见，价格也很便宜。

当你准备好这些材料以后，就按照我提供的步骤一步一步往下做吧。

一定要记住：你第一次做实验的时候，实验结果可能不是你预想的那样，但是不要担心！因为解决难题、试验、再尝试是一名科学家的必备素质。就像我的一个同学告诉我的："研究就是一遍一遍地做实验。如果你一次就能完成，那就不叫研究了。"

当你按照步骤做完实验并且观察结果以后，阅读"观察"部分的问题，自己想想答案是什么。实验的结果和你的预测相符合吗？如果不符合，为什么呢？

如果实验结果显示你的假设是错误的，不要灰心。学习什么是错误的与学习什么是正确的一样重要。

如果你觉得自己有一点被难住了，没有关系。做实验有时候看上去像是在施魔法。实际上，实验中并没有魔法，只有科学！你可以在"实验"部分之后的"怎么样和为什么"部分找到事情发生的科学解释。如果你在解释中遇到新的术语，你可以在本书最后的术语表中查找。

当你做了一遍实验以后，你可能会想，如果我用另一种方式做实验，结果会怎样？你可以阅读"延伸"部分的内容。我会帮助你修改实验的步骤，尝试其他的可能性，这是你想象的起点，当然你可以自己修改实验。

不要忘记所有实验的最重要的环节：玩得开心！你不需要第一次就要求自己学会所有的东西。走出去，尝试一下，玩得愉快！享受这个过程！

第 2 章

什么是天气现象

水、**大气层**、陆地之间的互动，形成了天气现象。云、风、雨……
这些都是天气现象。

一般我们只有在遇到破坏既定计划的坏天气的时候，或者看到有关
飓风、龙卷风等自然灾害的新闻时才会谈论天气。但是，即使我们不讨
论它，天气也一直伴随在我们周围。

就天气来说，从来没有平淡无奇的一天。即使天气很平稳，你没有
看到任何值得注意的天气变化，大气和海洋中也有大量你肉眼看不到的
运动在发生着，这些运动是影响天气变化的因子。

虽然没有平淡无奇的天气，但是一年中的每个季节都有典型的天气。
比如，如果你住在密歇根州，冬天的典型天气就是低温、下雪、结冰。
如果你住在佛罗里达州，冬天将会温暖湿润得多。

因为我们的地球在持续变暖，每个区域的典型天气都可能会发生变
化。30年后，密歇根州和佛罗里达州的天气可能会与现在不一样。

无论你在哪里，大气一直在运动，天气也随之发生变化。

你家附近的气象学家

气象学是研究大气如何变化、怎样影响天气的科学。研究气象学的科学家叫气象学家。

如果你在网上或者电视上看过天气预报，那么你就已经使用过气象学家的工作成果了。气象学家收集大气和海洋的信息，分析天空和海洋的变化可能导致的天气变化。气象学家的工作从观测开始，并且要连续观测好多天。他们也会看看窗外的天空，了解目前是什么天气，但是这不足以让他们预报天气。他们使用非常多的工具搜集信息，这是观测的另一种方式。

比如，气象学家使用气象站的信息预报天气。在**气象站**，很多种观测仪器长期地收集某一区域的天气信息。这些气象站遍布世界各地，被用来测量气温、气压、风速/风向、相对湿度、降水量等数据。

但是，气象学家不仅仅收集陆地的气象信息。他们也会使用**气象卫星**来收集天空的气象信息。气象卫星在离地球表面很高的地方，绕着轨道运转，收集气温、水汽、云量等信息。

气象学家使用这些信息来预报天气。查看天气预报，你就会知道明天是否是一个好天气，是否适合野餐，是否需要带雨具。

人们总是会抱怨："天气预报不准。"然而，近20年以来，天气预报准确率有所提升。大部分情况下1~3天的天气预报是准确的。极端天气的预警更是有助于保障人们的生命财产安全。对气象学家来说，非常不幸的是，人们总是记住天气预报不准的时候。

很多因素影响天气，而这些因素的相互作用又非常复杂，因此，即使最强大的计算机也不能一直准确预报天气。相对而言，短期的天气预报比长期的预报更准确，但这也并不是说气象学家的每一次预报都是百分之百准确的。因此，无论天气预报怎么说，你都应该常常备一把伞在身边。

天气、气候和大气的区别

天气描述了某一地点、某一时间的地球大气的状态。天气是短时的，总是在变化。高温、下雨、下雪、大风都是天气。阳光灿烂的日子也很可能马上大雨倾盆。

气候描述的是某一个区域在几十年、几百年或者更长时间内地球大气的平均状态。谈论气候的时候，我们常常讨论不同季节的寒冷或者炎热程度如何、湿度怎样、是否刮风、降水量多少。

天气每天都在变化，甚至每个小时都在变化。但是同一地区每年气候的变化都很小。比如，佛罗里达州的大部分地区是亚热带气候，也就是说，佛罗里达州的天气有可能时冷时热，但平均状态是温暖湿润的。

天气和气候都与一个因素紧密相关——地球大气。地球大气的变化会导致天气的变化，也会导致气候变化。

我们所呼吸的空气是气体分子，也是影响大气的因素。大气由氮气、氧气和其他气体组成。大气中有无数的气体分子。因为它们太小了，所以我们肉眼看不到。然而，我们可以感受到大量的气体分子的重量。通常我们把大气压向地球的力叫作**气压**。

因为气体分子并不是平均分布的，所以各地气压不同，这会影响到天气。在高气压区域，大气中的气体分子压向地面的力十分大，导致不能形成云，往往天气晴好。在低气压区域，空气上升运动强烈，容易成云致雨。

地球大气也会影响气候。

你见过温室吗？温室一般是指一种玻璃房子，在这里，人们不需要使用加热的设备，就可以种植对热量要求较高的植物。温室的墙壁和屋顶是玻璃做的，因此太阳光可以照射进来，又可以让温室保持温暖。

大气中的一些气体也这样"困住"太阳光，这就是"**温室效应**"。就像温室的玻璃墙和玻璃屋顶一样，大气中的**温室气体**让阳光进入地球，并吸收地面反射的热量，让地球表面保持温暖。

地球需要温室气体，这对地球上的生命很重要。如果没有温室气体，地球表面温度会降低很多，生物难以生存，庄稼难以生长。然而，温室气体的平衡非常重要。如果有太多的温室气体，地球就会因为太热而不适合居住。

不幸的是，很多人类活动正在增加大气中温室气体的含量，比如，汽车燃烧汽油，发电厂燃烧煤等活动。大量的温室气体让地球温度的上升速度加快。**全球变暖**会带来很多复杂的结果。

随着全球变暖，海平面和大气的温度上升。全球平均气温的上升会导致很多气候模态发生变化，我们把这种变化叫作**气候变化**。比如，科学家预测，随着全球气温上升，高温热浪、暴雨、洪涝等极端天气、气候事件发生的频率和强度会更高。

虽然全球气候已经在变暖，但是我们仍然可以采取行动减缓全球变暖。科学家已经在努力地缓解这个问题。你也可以通过学习更多的气象知识来了解如何让大气保持健康。

第2部分

天气现象基础知识

| 第3章 |

风

你是否感受过拂过脸庞的微风？你是否见过随风飘零的落叶？由于地球大气的影响，我们时时刻刻被空气包围。如果没有风，你大概不会注意到身边空气的存在。

总的来说，热空气上升，冷空气流过来补充，就形成了风。那么，在哪里可以找到感受风的最佳地点？在大片水域的岸边，比如湖边或者海边，我们经常会感受到风。温暖的阳光加热岸边的空气，导致热空气上升。这时候，水面上的冷空气就流过来补充，形成了风。这样的风叫作湖边的微风或者海风。

有没有地方是没有风的？近几百年来，航海家都利用吹向赤道的**信风**来航行。在赤道附近的一片区域，两边的风相互抵消，成为了**赤道无风带**。赤道无风带内的风非常小，船只可以长时间停留在原地。在英语中，有时候人们使用"在赤道无风带"来形容心情很低落。这可能是那些原地不动的水手们的真实感受。

风是如何形成的

你大概已经理解，**风**就是流动的空气。但是你可能不知道，空气温度和气压的差异会产生风。风是如何形成的？一切要从太阳辐射说起。

因为地球的地轴是倾斜的，太阳照射到地球上的热量是不均匀的。这使得大气层中的一部分空气较热，另外一部分空气较冷。总的来说，地球赤道附近较热，南北两极较冷。然而，还有其他很多影响气候的因素，比如湖泊、山地、山谷等地形特征以及海陆分布特征等。

热空气比冷空气轻，因此热空气上升。当这些空气分子上升时，它们就不再重重地压向地面。因此，在热空气下方会有一个低气压区域。我们知道，空气会从高气压区域流向低气压区域。热空气上升，冷空气就流过来补充，这种空气的运动就形成了风。

飞屋环游记

你大概看过电影《飞屋环游记》。气球把房子带走的场景是真实的吗？需要捆多少气球才能让房子飞起来？

这个问题有点复杂，答案取决于气球有多大，房子有多大，以及房子是否有一个坚固的地基。即使不管这些细节，肯定是需要很多气球才能让房子飞起来。据说皮克斯动画工作室的技术人员曾经估算过，在现实生活中，需要2350万个氢气球捆在约167平方米的房子上，才能让房子飞起来。

虽然没有人真正做过这个实验，但是，在现实生活中，人们常常乘坐热气球来进行飞行。

2011年，一群科学家、工程师、热气球飞行员制作了一个23平方米的小房子，并且用300个直径为2.4米的氢气球将这个房子带飞至300米的高空，时间长达一小时。因此，让房子飞起来是可行的，但是你不要在家里尝试。

如果赤道附近的热空气上升，南北两极的冷空气过来补充，那么，是不是所有的风都从两极吹向赤道？实际上，在现实生活中并不是这样的。

首先，山脉、海洋等地理因素会影响风的方向。其次，地球绕着地轴不断自转（因此地球有了昼夜之分）。

风从高压区域吹向低压区域，而地球不断旋转，这改变了地球表面的风向。旋转的地球使得北半球的风向右偏，南半球的风向左偏。旋转的地球对大气运动的影响称作**科里奥利效应**。

我们常常用风速和风向来描述风。从东边吹向西边的风叫东风，从西边吹向东边的风叫西风。

你最熟悉的风应该是地球表面吹动树木的风。这种风叫作近地风。但是，你知道吗，大气上层也有风。比如说，在离地球表面8~14.5千米的高度，存在**急流**，是从西到东的强劲西风。

最极端的！

虽然地球上其他一些地方偶尔也有强风，总体来说，南极洲是地球上风最大的地方。南极洲丹尼森角处的风，最大时速可以达到320千米/时。丹尼森角的气温也很低，冬天的气温经常在−18℃以下。

人类可以在这样的环境中生存吗？当然可以！为了开展研究，科学家们曾在丹尼森角的帆布帐篷里住了一段时间。当然，科学家只是这里短暂的过客，企鹅才是当地的常住居民。

急流的速度超过160千米/时，可以造成大范围内的风暴和其他天气现象。高空急流可以让从洛杉矶到纽约的飞机飞得更快，因此，从洛杉矶到纽约的飞行时间比从纽约到洛杉矶的飞行时间短很多。

随着全球变暖导致的气候变化，高空急流也会发生变化，天气也将随之改变。地球上的南北两极比其他地方的变暖速度更快。也就是说，极地和赤道之间的温度差异没有以前那么大了，同时这也造成了更弱的高空急流。

发电

如果你曾经去过美国的大平原地区，你可能见过地平线上那些巨大的风车，那么在大风天，这些风车是如何把风力变成电力的呢？

风车旋转的部分叫作风力涡轮。风吹过，涡轮上的叶片旋转。通过发电机，叶片旋转产生的动能转化成电能。

什么地方最适合建设风车？圆形的山顶、宽阔的平原、山中的沟壑等地常常出现有规律的强风。在美国，风能资源最丰富的5个州是得克萨斯州、俄克拉何马州、艾奥瓦州、堪萨斯州和加利福尼亚州。2018年这些州产生的风能总量超过美国风能总量的一半。

参与进来

你准备好动手实践了吗？在接下来的实验里，我们会学到风是如何形成的，我们会制作一个可以预报大风什么时候来的装置，并且搞清楚风会带来什么。

通过学习本章前面的内容，我们已经了解，风是由于热空气上升，冷空气流动过来补充形成的。在第一个实验里，你会使用厨房里的一些简单的工具来了解风的形成过程。因为我们很难看到空气的流动，所以我们使用烟来追踪空气的运动轨迹。

在形成风的过程中，气压也很重要。因为空气从气压高的地方流动到气压低的地方。第二个实验中，你会亲手制作一个**气压计**，气压计就是用来测量气压的仪器。你可以使用气压计来追踪你居住地的气压变化。这些数据可以帮助你预测风和风暴是否将要来临。

最后，我们会到户外去做第三个实验。在这个实验里，你会学到风会带来什么。我们呼吸的空气主要由氮气、氧气和其他一些气体组成，然而空气中还有烟、花粉、灰尘等小颗粒。在这个实验里，你会制作一个有黏性的工具，用这个工具可以收集和分析这些小颗粒。这些由风带来的颗粒被称作**气溶胶**。

现在，让我们一起去了解一下气温、气压和风。

1.上升的烟

快问快答

思路： 风的形成首先是从热空气的上升开始的。在这个实验里，你可以使用烟来追踪两个罐子中不同的风。冷空气密度较大，热空气密度较小。如果你把一个充满冷空气的罐子放在一个充满热空气的罐子上面，会发生什么？

注意： 在使用火柴点燃熏香或者蚊香时，需要找个成年人来协助。在拿玻璃罐的时候要轻拿轻放，不要把它弄碎了。

材料：

- 两个广口的空罐子；
- 桌子；
- 胶带；
- 黑色纸张；

- 火柴；
- 可以放进罐子的片状熏香或蚊香；
- 索引卡。

步骤：

1. 把一个空罐子放进冰箱。

2. 到户外去，找一个无风的地方。你需要一个靠墙的平面，比如一张靠墙的桌子。

3. 把一张黑色的纸贴在实验桌子后面的墙上。

4. 找一个成年人帮你点燃火柴，并根据说明点燃熏香或者蚊香。

5. 把没有放进冰箱的罐子正面朝下，并扣在点燃的熏香或蚊香上面。几分钟后，观察烟充满罐子。

6. 把充满烟的罐子正面朝上。尽快将索引卡放在罐子口上，盖住罐子。

7. 把冰箱里的罐子取出来。把冰冻的罐子口朝下，放在充满烟的罐子上方，索引卡留在两个罐子之间。

8. 将上面的冰冻的罐子稍微拿起来一点，把索引卡抽出。两个罐子的口相对，冰冻的罐子在上面，充满烟的罐子在下面。

9. 把码放在一起的两个罐子一起移到黑纸板的前面。观察将会发生什么现象。

观察： 温暖的有烟的气体怎么样了？墙上的黑纸板有用吗？为什么呢？

延伸： 再做一遍实验，把有烟的罐子放在上方，把冰冻的罐子放在下方。你认为结果会有变化吗？

怎么样和为什么： 空气是由大量的气体分子组成的。空气被加热时，气体分子运动的速度加快，试图逃离它所在的地方，比如在这个实验里的热空气想逃离罐子。气体分子快速运动，形成高气压区域。当空气变冷时，气体分子的运动速度变慢，因此，冷罐子里的是低气压区域。当你把两个罐子连在一起时，空气从高气压的区域流到低气压的区域，就像大气中的气压变化形成了风。

2.制作你自己的气压计

观察

思路： 气压的下降预示着风暴或者大风可能将要来临。在这个实验里，你会制作一个气压计。我们使用气压计来探测大气中的气压变化。如果今天是个好天气，你认为气压计的读数是怎样的？

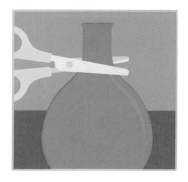  

注意： 找一个成年人帮你使用强力胶。注意包装上的说明，不要让胶水接触到你的皮肤。

材料：

- 剪刀；
- 橡胶气球；
- 罐子；
- 橡皮圈；
- 强力胶；
- 纸吸管或者塑料吸管；
- 纸做的箭头；
- 纸；
- 钢笔或铅笔；
- 胶带。

步骤：

1. 找一个做实验的地方，比如靠墙的桌子。

2. 使用剪刀剪下橡胶气球的口子。丢弃气球的口子，留下圆形的气球。

3. 撑开气球，包裹在罐子上面。用橡皮圈捆住气球口，固定住。

4. 在吸管的末端涂上强力胶，粘到气球的中间，吸管的另一端保持在罐子上方。

5. 把纸做的箭头不尖的那一端插入罐子上方悬挂的吸管内，箭头尖的一端指示了气压。

6. 把纸贴在桌后面的墙上。把罐子放在贴了纸的墙边上，在箭头尖的位置画上刻度线，刻度线上方，标注"高"，刻度线下方，标注"低"。

7. 每天在下面的表格中记录一两次箭头尖的位置。当你记录数据的时候，也同时记录当时的天气。同时，在App或者网站上查看未来24小时的天气预报。

观察：气压计读数为低气压时，天气怎么样？气压计读数为高气压时，天气怎么样？

延伸：你是否想要更加精确的气压计读数？在箭头初始位置的上下方写上数字。比如，你可以在箭头上方画5条线，从下往上依次写上1~5的数字；在箭头下方画5条线，从上往下依次写上1~5的数字。

怎么样和为什么：当大气压很高的时候，大气中气体的重量向地球表面下压。所以，当气压很高的时候，气体向下挤压气球的中间，使得箭头向上摆动。当大气压很低的时候，罐子中的气体开始向上飘浮。这使得气球的中间向上鼓起，箭头向下摆动。低气压预示着马上就要下雨。高气压则与干燥、寒冷的天气相关。

	第一天	第二天	第三天	第四天	第五天
上午的气压					
下午的气压					

3.粒子捕捉器

到户外去

思路： 外面刮着风，不仅仅带来空气，还包含了很多叫作气溶胶的颗粒。在这个实验中，你可以制作一个简单的装置，用来捕捉和分析你居住地的空气中的颗粒。你可以在几个不同的地点收集颗粒。你认为在树下收集的颗粒与街边收集的颗粒有什么不同吗？

注意： 没有！这个活动适合所有年龄段。

材料：

- 胶带；
- 4条30厘米长的绳子；
- 4张空白的白色硬纸片；
- 钢笔；

- 棉签；
- 凡士林；
- 有封锁条的保鲜袋；
- 放大镜。

步骤:

1. 将每张硬纸片上粘贴一小段细绳子。这样,就可以将硬纸片悬挂在不同的地方。

2. 在4张硬纸片上分别标注"室内""院子""树下""控制组"。

3. 用棉签蘸满凡士林,再将凡士林涂满每张硬纸片的一面。

4. 将标注"室内"的硬纸片挂在室内的某个地方,将标注"院子"的硬纸片挂在院子里(或者开阔的草地上),将标注"树下"的硬纸片挂在树枝下。这些硬纸片要保持在同一个地方3天。将标注"控制组"的硬纸片放在有密封条的保鲜袋里。

5. 3天以后,去实验点取硬纸片。用放大镜观察被凡士林粘住的气溶胶颗粒。将实验组的硬纸片上的气溶胶颗粒与控制组的硬纸片上的气溶胶颗粒比较。将你的发现填写在下面的表格中。

观察: 哪张硬纸片收集了最多的气溶胶颗粒?被凡士林粘住的气溶胶颗粒都有哪些种类?你收集的气溶胶颗粒来源是哪里?

延伸: 想想还有哪些地方可以收集气溶胶颗粒。你可以在车水马龙的街道旁边收集气溶胶颗粒吗?你可以在你家的一个房间收集气溶胶颗粒吗?这些气溶胶颗粒样本有什么区别?

怎么样和为什么: 气溶胶颗粒是在风中通过空气传播的颗粒。比如,灰尘、烟、汽车尾气和其他污染气体、花粉、火山爆发的灰都是气溶胶颗粒。气溶胶颗粒在它形成的区域更加集中,比如,火山附近有很多火山灰颗粒,而在离火山较远的地方火山灰颗粒就很少。风可以将气溶胶颗粒带到几千千米之外。2020年澳大利亚野火的烟被风带到几千千米以外的国家,并最终环绕了地球。

	控制组	室内	院子	树下
颗粒计算: (无、低、中、高)				

第 4 章

云

对云的观测是人们解密天气的基础方式之一。比如，蓝天和白云预示着晴天，而巨大的乌云则预示着下雨。你有没有见过奇形怪状的云朵？

一般来说，温暖、湿润的空气不断上升，并在高层、寒冷的大气中冷却，形成了云。**水蒸气是水的气态形式**，当水蒸气受冷时，凝结成小水滴。这些悬挂在空中的小水滴集合在一起就是云。云有时候也由冰晶组成。

只要有温暖湿润的空气，在地球的任何地方、任何的气候条件下，都会形成云。然而，在像沙漠那样极端干燥的地区，云就比较少。

自然界中的云很多时候非常迷人。云有时候是一缕缕的，有时候是一大片的，有时候是乌黑恐怖的，有时候是奇形怪状的。但是，你知道吗，云可以告诉你很多有关天气的信息。

以下是一些最常见的云的照片，这些云将预示着怎样的天气呢？

高云（5000~13000米）

卷积云

卷积云也在高空中，看上去像条状排列的小棉花球，一般来说，卷积云预示着好天气。但如果你住在热带，卷积云则预示着飓风将要来临。

卷积云

卷云

卷云是在高层大气中的云，高度一般为5~11千米。卷云看上去是一缕缕的。天空中少数的卷云预示着好天气将要持续一段时间。天空中网状的卷云则预示着**暖锋**将要来临，天气将会有所变化。

卷层云

卷层云是由冰晶组成的，看上去就像铺在天空中的毯子。卷层云很薄，因此你可以透过卷层云看到太阳或者月亮。在白天，卷层云让阳光看上去有点奶白色。当你看到卷层云时，常常预示着暴雨就要来了。

中云（2500~5000米）

高积云

高积云在卷云的下方。高积云像成群的绒毛一样，呈现出灰色和白色。早晨你起床的时候，如果看到高积云，而外面又温暖湿润，那么下午你可能会遇到暴雨。

高积云

高层云

高层云是蓝灰色的，覆盖整个天空。因此，有高层云的时候，你可能看不清太阳或者月亮。当你看到高层云的时候，持续性的降雨或者降雪将会来临。

低云（地表到2500米，一些会更高）

积雨云

积雨云相当大！积雨云很松软，呈现出白色和灰色，外表有点像积云。与积云不同的是，积雨云可以延伸几千米。有的积雨云顶部平平的，底部也平平的，看上去像钻头一样。积雨云常常预示坏天气：下雨、冰雹、闪电，甚至是龙卷风。

积雨云

层云

层云让天空灰暗又模糊。层云看上去就像没有完全接触地表的雾。如果你看到了窗外的层云，赶紧带上伞。灰黑色的天空往往预示着将要下雨。

雨层云

灰色、阴暗的雨层云接近地面。有时候，雨层云会覆盖整个天空。雨层云经常预示着持续性降雨或者降雪天气将要来临。

积云

积云是像棉花一样的松软云朵，也是你想象中云朵的样子。它们灰中透白，云的底部常常是扁平的。我们很难根据积云来判断天气，因为无论是好天气还是坏天气，我们都可以看到积云。但是，如果云朵的顶端看上去像花椰菜的头，那就预示着暴雨将要来临。

特殊的云（不是以高度分类的）

斗笠云

斗笠云看上去有点像外星人的飞船，流动的空气碰撞了山脉等屏障，容易形成斗笠云。我们不能通过斗笠云来判断天气，但是斗笠云看起来真的很酷！

斗笠云

云是怎么形成的

云是大自然中最美的景色之一了。有的云看上去像松软的棉花球，有的云看上去像一缕缕羽毛。神奇的是，云是由水和空气组成的。水和空气是如何变成云的？答案是蒸发！

云中的水滴来自地球表面的海洋、湖泊、河流等水系。经过风吹日晒，地球表面的水开始蒸发。液体从液态变成气态的过程叫作**蒸发**。在我们现在讨论的案例中，液态水变成水蒸气的过程是蒸发。

高层大气中的空气比地球表面的空气更冷。当空气中的水蒸气受到太阳的照射，水蒸气受热上升，到达较冷的高层大气。因为遇到高层大气中的较冷的空气，水蒸气受冷凝结或凝华，变成液态的小水滴或者固态的小冰晶。

很多很多的小水滴汇聚在一起才能变成云。如果有固体粒子作为凝结核，**凝结**就会发生得更快更容易。有一个常见的凝结的例子——在一个炎热湿润的夏日，你从冰箱里取出一罐冷藏的易拉罐饮料，易拉罐表面上布满了水滴。湿润的空气中有很多水蒸气，当水蒸气受冷凝结在易拉罐的表面，变成小水滴时，你才可以看到这些空气中的水蒸气。

高层大气中没有易拉罐，但是有很多的灰尘和花粉颗粒。水蒸气可以在灰尘、花粉等颗粒表面凝结或凝华，成为小水滴或者小冰晶。当有足够多的水滴和冰晶形成时，就形成了一朵云。

云形成的最常见的方式是湿润温暖的空气上升后受冷凝结，比如积云和积雨云。还有其他方式可以形成云。比如一些云形成是由于区域地理特性，例如斗笠云和层云。当风吹向山脉的一边，将底层的空气吹上坡，空气上升变冷，形成了云。

当大块的空气团在地球表面相遇，也会形成云。这些大块的空气团叫作锋。当暖空气团爬上冷气团，形成**暖锋**，产生了中云（比如高层云和高积云）和高云（比如卷云、卷积云和卷层云）。暖锋过境时，也会产生雨云，比如雨层云和积雨云。

当冷空气团钻到暖空气团下方，推着暖空气沿着锋面上升，便形成了**冷锋**。积云在此时生成，然后变成积雨云。其他雨云也可以在冷锋锋面形成。

云不仅会带来雨，也会遮住阳光。云就像天空中一把巨大的伞，挡住了太阳光，并把太阳光反射回宇宙空间。所以，如果一个区域白天被云层覆盖，气温将会比大晴天低一些，天空也会暗一些。

云不总是让天气变得更冷。在晚上，云可以让地面保持温暖。白天，太阳光照到地球表面的土地和水系上。太阳落山后，这些热量开始反射回大气中。但是，如果天空中有云，云就像一条毯子一样，将热量保持在地球表面。因此，同样条件下，一个有云的夜晚比无云的夜晚更加温暖。

最极端的！

如果有个地方每天只能享受两小时的太阳光照，你能在那个地方居住吗？这就是位于法罗群岛的托尔斯港的现状，这也是地球上云最多的地方。法罗群岛隶属于丹麦，位于挪威和冰岛中间，法罗群岛的首府托尔斯港位于两座山的边缘。温暖湿润的空气向上爬升，但是又爬得不够高，没有翻越到山的另一边。空气被困在了那个地方，形成了云和雨。

地球上云最少的地方是哪里？是南美洲西部的阿塔卡马沙漠。在阿塔卡马沙漠，几乎没有云和雨。没有云的阿塔卡马沙漠是天文观测的绝佳地点，因此，一些世界上功能最强大的望远镜坐落在阿塔卡马沙漠。在阿塔卡马沙漠的黑夜，天空中因为没有云的遮挡，银河能尽收眼底。

参与进来

在这一章的实验中，你会亲手制作云，学习云是如何影响温度的，甚至尝试根据云来预报当地的天气情况。当你在做这些实验的时候，想想之前学到的概念，包括凝结和云的形成。

1.厨房中的云

快问快答

思路： 在自然界中，当小水滴遇到高空中的冷空气时，就形成了云。但是，你知道吗，你可以在厨房里亲手制作云。这是真的！在这个实验中，你需要把沸腾的水和气溶胶颗粒放进罐子里。当你把寒冷的冰块放在罐子的顶部时，会发生什么呢？

注意： 找一个成年人帮你烧水。小心别被热水烫伤了。小心别把玻璃罐子摔碎了。如果你使用食用色素，也要非常小心，因为食用色素容易将衣服和地毯染色。

材料：

- 一杯沸腾的热水；
- 带金属盖子的容积为500毫升的罐子；
- 食用色素（可选）；
- 勺子（如果你使用食用色素）；
- 发胶；
- 冰块。

步骤：

1. 找一个成年人帮你把一杯沸腾的开水 倒入准备好的玻璃罐。如果你使用食 用色素，迅速将其加入热水中，并用 勺子搅拌。

2. 迅速将发胶喷入罐子，把盖子盖上。

3. 把冰块放在金属盖子的上面。

4. 观察水上方的空气，看看发生了什么。

观察： 当你把冰块放在盖子上面的时候，发生了什么？是你设想的那样吗？

延伸： 尝试使用不同大小的罐子和不同量的沸水做实验。罐子的大小和水的多少是否 会影响实验结果？

怎么样和为什么： 在自然界，温暖湿润的空气上升，并在高层较冷的大气的影响下冷 却，这正是实验中发生的情况！发胶的作用是什么？请记住，如果有固态的凝结核， 水蒸气会凝结得更快、更容易。因此，在罐子中漂浮的发胶颗粒就如同大气中的灰尘 和花粉颗粒。罐子中温暖湿润的空气上升，遇到冰冷的盖子时受冷，凝结在发胶的颗 粒上，这就是制作云的过程。

2. 云的保温作用

观察

思路： 云层可以反射太阳光，因此阴天会比晴天更加凉爽。凉爽多少呢？在这个实验中，你会在室内制造晴天和阴天，研究云层会减少多少热量。多云的白天，你认为温度会降低多少？有云的夜里，你认为温度会升高多少？

注意： 找一个成年人帮你剪瓶子和插插头。实验结束后，因为使用过的电灯泡可能会很烫，至少让灯泡冷却15分钟，再拿起灯。为了实验效果，最好使用功率较大的灯泡。当然，要选择符合生产标准的灯泡。

材料：

- 有发热灯泡的台灯；
- 两个干净的空塑料瓶，容积为两升，需要带瓶盖；
- 剪刀；
- 两张黑色的硬纸片；

- 胶带；
- 裁剪成云的形状的铝箔；
- 两个测量空气温度的温度计；
- 钢笔或铅笔；
- 秒表。

步骤：

1. 把台灯放在桌子上，确保桌子旁边有电源插座。

2. 把塑料瓶上的所有包装纸撕下来。用剪刀将瓶子上面的1/3部分剪下来。在这个实验中，你只会用到瓶子的上面部分，把剩下的瓶子扔掉。两个瓶子都这么处理。

3. 用黑色硬纸片剪出两个比瓶子的底部稍微大一些的圆圈。

4. 把云形状的铝箔放在其中一个瓶子的前面。

5. 把两个瓶子并排放在桌子上，离发热的灯泡15~20厘米远。两个瓶子离灯泡的距离一致。注意，灯光应该照射到瓶子的前方，而不是瓶子的上方。

6. 把两张黑色的硬纸片圆圈分别放在两个瓶子的下方，把温度计放在圆圈的上方。你可以透过瓶子阅读温度计上的读数。

7. 将每个瓶子的第一个温度读数记录在下面的表格上，填写在"实验开始"那一栏。

8. 打开灯，同时打开秒表，开始计时。记录下每分钟的温度读数，填写在下面的表格中。一共记录10分钟的读数。

观察： 两个瓶子里的温度是不是不一样？如果是的话，哪个瓶子更热，哪个瓶子更冷？

延伸： 再做一遍实验，改变铝箔云的形状。看看这个变化是否会改变温度的变化。你也可以尝试把云放在瓶子的不同位置。高云是否会比低云挡住更多的光线和热量？

怎么样和为什么： 你可能注意到阴天比晴天更暗一些。云不仅阻挡了阳光，而且阻挡了热量。白天，云将一些阳光和热量反射进宇宙空间，让我们保持凉爽。在这个实验中，铝箔云也起到了一样的作用。铝箔云将光线和热量反射出瓶子，让瓶子里更凉快。

	有云的瓶子中的温度	没有云的瓶子中的温度
实验开始		
1分钟		
2分钟		
3分钟		
4分钟		
5分钟		
6分钟		
7分钟		
8分钟		
9分钟		
10分钟		

3.云的日志

到户外去

思路： 你可以根据云来预报天气吗？做一份云的观察日志。每天，你到户外去观察两次，记录下你所见到的云的类型以及户外的温度，记录整整一周。你可以使用本章所讲述的关于云的描述来识别云的类型。不同云的信息可以帮助你预报将要来临的天气。云和气温信息是否可以帮你做出准确的预报？

注意： 没有！这个实验适合所有年龄段。

材料：

- 关于云的类型的描述笔记；
- 户外温度计；
- 笔记本或者书上的记录表；
- 钢笔或铅笔。

步骤：

1. 选择每天上午的一个时间点和每天下午的一个时间点来观察和记录云。当时间一到，就拿好关于云的类型的描述笔记、户外温度计、笔记本、钢笔或铅笔，到户外去。

2. 在你的笔记本上，记录下日期和时间。使用户外温度计测量户外温度，在你的笔记本上做好记录。

3. 找一个舒适的地方，你可以坐在地上，看看天空。识别你看到的云，在你的笔记本上记录下云的类型。你也可以记录下云的颜色、大小等任何你认为有用的信息。在你的观察记录下面，写下你根据云预测的天气。会下雨吗？会下雪吗？会是晴天吗？

4. 每天记录两次，信息包括日期、时间、温度、云的类型和其他预测，坚持3~5天。你可以记录在笔记本上，也可以记录在本书的数据表上。

5. 每天都核对一下前一天的预测。如果预测对了，就打钩；如果预测错了，就画叉。

观察： 最常见的是哪种云？你有没有注意到你记录的云和气温之间的关系？通过观测云，你是否可以成功地预报天气现象？

延伸： 除了气温和云的形状以外，使用你在第3章制作的气压计来测量气压。你是否注意到气压、气温和云的形状之间的关系？

怎么样和为什么： 云不仅仅是天空中美丽的"棉花"，云告诉我们有关大气的状况以及未来可能出现的天气。气象学家通过各种方式观测云，从而帮助他们更好地预报天气。

云的日志

时间	户外气温	对云的观测	你的预报结论
第一天上午			
第一天下午			
第二天上午			
第二天下午			
第三天上午			
第三天下午			
第四天上午			
第四天下午			
第五天上午			
第五天下午			

第 5 章

雨

　　毛毛雨、细雨、小雨、中雨、大雨……这些都是雨的名称，都是水从天而降。水是生命之源。**降水**（如雨水）是我们获得水资源的一种方式。

　　在地球上的所有区域、所有气候带都可能会下雨。雨的形成需要湿润的空气和零摄氏度以上的气温。因此，在沙漠等干燥区域，在南极和北极等寒冷区域，很少有雨。

雨是如何形成的

显而易见，雨是从天空中降下来的水。然而，水是如何去到天空中的？是什么让这些水最终落到地上？

地球表面的水量变化不大。我们不能从另一个星球购买水资源。但是我们可以循环利用地球上的水资源。事实上也是如此，地球上的**水循环**就是这样循环往复。

水循环没有起点和终点。水循环代表的是水以液态、固态和气态在陆地、海洋和大气间不断循环的过程。

一切都从太阳开始。阳光加热了海洋、河流、湖泊、小溪和土壤中的水。一些水受热蒸发，变成了空气中的水蒸气。植被也会向空气中释放水蒸气。你也许已经听说过**湿度**这个名词，湿度就是用来衡量空气中水蒸气的含量的。在温暖湿润的天气里，空气中有很多水蒸气。

水蒸发以后，气流将水蒸气带入更高层、更寒冷的大气中。更低的气温促使水蒸气受冷凝结在灰尘和其他颗粒上，水蒸气变成了小水滴。这些小水滴组成了云。

云中的小水滴结合起来变成了更大的水滴。当水滴变得又大又沉，无法在空气中飘浮时，就变成降水落了下来。**降水**形式有雨、雪、雨夹雪、冰雹等。当雨从天空中降下来，大部分雨进入了海洋和土壤。人类、动物、植物从水体或者土壤中获得他们赖以生存的水。这些水最终又回到河流、海洋和其他水体，水循环的过程周而复始。

水和阳光是水循环主要的参与者，风也在水循环过程中发挥了重要作用。如果世界上没有风，水蒸气会在大气中垂直上升，受冷凝结，垂直下降。但是，实际生活中并不是如此。风以气流的形式吹动大气中的云，风把水滴从一个地方吹到另外一个地方，并让它们在空气中留存更长的时间。

哪些信号能告诉我们马上就要下雨了？就如同我们上一章所说的，一些云的类型代表将要下雨，比如雨层云和积雨云。气压的下降也代表了马上要下雨或者是雨刚开始下。

虽然人类、动物、植物都需要雨水，但是雨也有可能会带来灾害。比如说，一场雷雨来袭，暴雨倾盆，很可能会造成**突发性洪水**。突发性洪水上涨得如此之快，以至于人们根本来不及做好防护措施，家和道路可能就已经被淹没。

什么地方容易发生突发性洪水？如果雨下得很大很急，水涨得很快，就有可能发生突发性洪水。有些区域的突发性洪水风险比其他区域更高。

干旱

当一个区域的降水量长时间低于历史同期降水量，就被称为干旱。然而"长时间低于历史同期"的情况各不相同。持续几个月的干旱可能会造成城市饮用水资源的短缺。然而，在关键的种植期，即使只是几周不下雨，也会对一位农民的庄稼造成很大的影响。

长时间的干旱会造成土壤干燥，人和动植物死亡，小溪和河流流量变小，甚至干涸。下雨的时候，河流、水池、水库等会充满水，然而，如果长时间没下雨或者少雨，河流、水池、水库里的水就会被用完或者蒸发掉。这时候，水资源短缺的问题就显现出来了，这也是干旱的开始。

虽然人们不能控制什么时候下雨，下多少雨，但我们可以节约用水，尤其是在干旱的年份。平均每个美国人每天使用300~380升的水，用于饮用、做饭、洗澡、洗手、冲厕所……每年共使用约120 000升的水。这是非常大量的水！

可以采取以下方式节约用水。比如，循环用水。你周末给宠物狗洗澡了吗？尝试使用环保的沐浴产品，这样的话，你就可以用洗澡水来给植物浇水。你有一个很大的院子吗？那么少种植一些需水量大的植物，多种一些需水量少的植物就可以节约用水。

如果有人问你哪里雨水最多，你可能会回答"西雅图"。的确，西雅图经常下雨，一年有150天在下雨，但是每天的降雨量并不多。西雅图平均每年的累计降雨量只有约900毫米，仅比美国的平均降雨量多了一点。但是你知道吗，有个地方的降雨量是西雅图的13倍。

这个地方是一个叫作玛坞西卢的村庄，坐落在印度东北部。玛坞西卢村的年降雨量约12 000毫米。5~10月是玛坞西卢村的雨季，大部分的降雨（约占全年总量的90%）出现在这个时间段。这个季节被称为季风季。

为什么会下那么多雨？

阳光照射在陆地和海洋上，陆地与海洋的变热速度不一样，便产生了**季风**。夏天，陆地比海洋更热。湿润的空气从海洋吹向陆地，并在大气层中上升。这种状态大概持续6个月的时间，带来持续的强风、大雨。

地球上最干燥的地方在哪里？你大概已经在第4章中学到了，是阿塔卡马沙漠。智利的港口阿里卡保持了最长时间不下雨的世界纪录。阿里卡每年的平均降雨量约为0.76毫米。实际上，阿里卡曾经连续14年没有下过雨。

随着全球气候变化，沙漠也在变化。有些沙漠变得越来越热，有些沙漠变得越来越湿。为了生存，这些沙漠里的动植物不得不适应新的环境，但有一点需要提醒大家，不是所有的动植物都可以成功地适应新的环境。

举例来说，如果一个区域里有很多植物和天然的土壤，那么大部分的降雨会被植物的根系或者土壤吸收，这个区域发生洪水的概率就会降低。在城市和郊区，由于人们建设了很多公路和水泥地面，因此，雨水很难渗入土壤。也就是说，人为建设区域遭受突发性洪水的可能性更高。

气候变化也容易引发洪水。空气越暖，就越能够承载更多的水蒸气。当地球气候变暖，空气可以包含更多的水汽，空气中有更多的水汽，就会有更多的降水，也就会发生更多的极端天气事件。

参与进来

在下面的实验里，你会学习到雨是如何形成的、雨将如何影响环境、雨和不同土壤之间的相互作用、水循环是如何进行的，以及如何准确测量一场暴雨的降雨量。让我们开始吧！

1. 土壤吸水器

快问快答

思路: 你有没有想过是什么造成了洪水? 实际上, 不仅仅是大量的雨水造成了洪水。在这个实验中, 你将测试不同种类土壤的蓄水能力, 看看哪些土壤可以吸收最多的水分, 哪些土壤留不住水。你认为什么材料可以吸收最多的水分?

注意: 没有! 这个实验适合所有年龄段。

材料:

- 咖啡过滤器;
- 漏斗;
- 玻璃或者塑料罐;
- 小石子;
- 量杯;
- 水;
- 计时器;
- 沙子;
- 盆栽土;
- 粉状黏土;
- 钢笔或铅笔。

步骤：

1. 把咖啡过滤器放在漏斗里，将漏斗的下端放进玻璃或者塑料罐里。

2. 将小石子放进咖啡过滤器里，装到过滤器的2/3的位置。

3. 用量杯量50毫升的水。

4. 将定时器调整到两分钟，但暂不启动。

5. 把水倒进咖啡过滤器中，同时启动定时器。

6. 将流入罐子里的水倒进量杯。测量有多少水。

7. 将小石子和湿了的过滤器从漏斗中取出。换一个干净的咖啡过滤器，在过滤器里倒入沙子，装到过滤器的2/3的位置，然后重复步骤3、步骤4、步骤5、步骤6。

8. 把材料换成盆栽土以及粉状黏土，重复以上步骤。用同样的方法，测试你所有材料的蓄水能力。在下面的表格里记录测量结果，也就是记录每种材料过滤后剩下的水有多少。

观察： 什么材料蓄水能力最强？为什么呢？

延伸： 使用其他材料重复这个实验。你家附近的土壤是由什么组成的？挖一勺你家后院的土壤，重复这个实验，与前几次的实验结果进行对比。你家后院土壤的蓄水能力与沙子相似还是与黏土相似？

怎么样和为什么： 像小石子这样的大颗粒不如小颗粒那样挨得紧密。水可以流过大颗粒之间的空隙，流入罐子里。在自然界中也是如此，当雨落到石头表面时，水会直接流到石头下面。但是，在紧密压实的黏土地面上可能更容易发生洪水。

材料	经过过滤后的水量
小石子	
沙子	
盆栽土	
粉状黏土	

2.袋子里的水循环

观察

思路： 水循环对地球上的生命来说非常重要。如果没有水循环，你没有喝的水，也没有吃的食物。在这个实验中，你会使用一个密封的保鲜袋来替代大气层，从而制作你自己的地球模型。当阳光照射到你袋子里的水以后，你认为会发生什么？

注意： 这个实验适合所有年龄段。但如果你使用食用色素，注意不要弄脏衣服和地毯。

材料：

- 量杯；
- 水；
- 蓝色食用色素（可选）；
- 水彩笔；
- 有密封条的保鲜袋；
- 胶水。

步骤：

1. 量取 1/4 杯水。如果你使用食用色素，现在就加进去。把水放在一边。

2. 用水彩笔在保鲜袋的底部画上海浪，在保鲜袋的顶部画上太阳和云。

3. 打开保鲜袋，把水倒进去。将保鲜袋密封好，确保完全密封。

4. 将装满水的保鲜袋用胶水固定在窗上。选择一扇可以被阳光照到的窗。

5. 每天都观察一下保鲜袋里的水，看看有什么变化，记录下这些变化。

观察： 晒了几天太阳后，保鲜袋里有什么变化？

延伸： 重复上面的步骤，做几个同样的水循环袋子，固定在你家不同的窗户上。观察每个保鲜袋的变化。

怎么样和为什么： 阳光驱使着地球上的水循环，就像这个实验中发生的一样。在这个实验中，保鲜袋的作用像大气层一样，"困住"太阳的热量和地球上的水汽。袋子底部的水就像是海洋，当它受热，就变成了水蒸气。在保鲜袋的顶部，水蒸气受冷凝结，形成了小水滴。

3.测量雨量的仪器

到户外去

思路： 你大概听说过这样的天气预报，"你们当地将会下雨，雨量达到几毫米"。在这个实验中，你可以制作自己的雨量筒，测试天气预报对雨量的预报是否准确。雨量筒就是收集雨水、测量雨量的仪器。首先，你动手做一个雨量筒。然后，等到下雨天，你把它放到户外。雨停后，观察收集了多少雨水。多制作几个雨量筒，在下雨时放到不同的位置进行测量。比如，在树下或者在能接到雨水的屋檐下。你测量的雨量和当地的天气预报相符吗？

注意： 轻拿轻放，不要把玻璃罐打碎。

材料：

- 玻璃罐；
- 漏斗；
- 水彩笔；

- 尺子；
- 强力胶布；
- 钢笔或铅笔。

步骤：

1. 首先你需要决定测量几个地方的雨量。需要测量几个地方就准备几个罐子和漏斗。

2. 使用水彩笔和尺子在每个罐子的侧面做标记，每间隔15厘米做一个标记，共做10个标记。做标记时，要把尺子底端和罐子底端靠在一起对齐，每隔15厘米用水彩笔画一条线，标注：15厘米、30厘米、45厘米、60厘米……一直标记到150厘米。

3. 在每个罐子的上方放一个漏斗，用强力胶布将漏斗和罐子固定。要足够牢固，漏斗才能不被雨水冲坏。

4. 把雨量筒放在不同的位置测量雨量。

5. 雨停后，收集雨量筒里的雨水，将每个罐子里的雨量记录在下面的表上。使用罐子侧面的刻度。

观察：每个雨量筒收集了多少雨水？比你预想的多还是少？雨量筒测量的位置不同是否会造成不同的结果？

延伸：比较你的测量结果和当地的天气预报。如果你的测量结果和当地天气预报的雨量不同，尝试分析差异的原因。

怎么样和为什么：雨量筒是气象学家的重要工具。雨量筒的读数很重要，可以告诉我们一场雨带来了多少雨量。同时，追踪每年下了多少雨也有利于我们研究当地的气候，了解气候是变得越来越干燥还是越来越湿润。

雨量筒的位置	雨量测量

第6章

雪

　　如果你当地的天气预报显示将要下雪，那真是一件令人兴奋的事情。厚厚的白雪可以让整个世界变成白色。你可以用雪来建造城堡和筑造要塞。如果你住在山脉附近，你可以坐雪橇，也可以滑雪。你还可以打雪仗，把雪捏成球，扔到家人、朋友身上也毫无问题。

　　你可能认为只有很冷的地方才会下雪，你的想法部分正确。因为只有当空气湿润并且保持低温时，才有可能下雪，这就是干热的沙漠不怎么下雪的原因。

　　然而，地表的温度和是否下雪关系不大，因为雪在高层大气中形成，如果高层大气的温度低于0摄氏度，就有可能会下雪。当雪花形成以后，就会落到地面上。如果地表温度也低于0摄氏度，你就能享受一个下雪天。

雪是怎么形成的

在第5章里，我们已经学到，温暖湿润的空气上升，遇到高层较冷的空气，形成了云，最后形成了雨，下雪也是这样，但是什么让云变成了雪而不是雨？

在形成雪的过程中，温暖湿润的空气上升，遇到接近冰点或者低于冰点的冷空气。这很重要，如果冷空气温度高于5摄氏度，就会形成雨或者雨夹雪，而不会形成雪。当温度接近或低于冰点，水蒸气受冷凝华，形成冰晶，而不是凝结成小水滴，然而，这些小冰晶非常小，与你平时看到的绒毛般的雪花大不相同。

冰晶形成，开始飘向地面。在下落的过程中，小冰晶遇到了正在上升的温暖湿润的空气。如果上升空气的温度略微高于冰点，就会将冰晶的边缘融化。融化的边缘使得冰晶紧密地粘在一起，变成雪花。当足够多的冰晶聚合在一起的时候，冰晶无法继续在空气中飘浮，由于重力的作用下落到地面，成为了降雪。

在较为湿润的暖空气中形成的雪花又湿又黏，因此，最大的雪花都形成在这样的环境中。这样的雪花很黏，这也是最适合堆雪人、建造要塞、打雪仗的雪。

适合堆雪人的雪被称为湿雪，自然界中还存在干雪。如果你和喜欢滑雪的人聊天，他们常常会提到，"喜欢上坡时'新鲜的粉末'"，这就是干燥、粉末状的雪。当小雪花飘向干燥寒冷的空气时，就会形成这样的雪。雪花的边缘没有融化，所以没有粘在一起。

干燥的雪不适合用来堆雪人，也不适合开车上路。因为干燥的雪不会粘在一起，很容易被风吹成一堆堆的雪堆，叫作风吹雪。如果风足够强，雪足够大，风吹雪会阻塞道路、挡住房屋的门。这样的风吹雪会带来灾害。

图说天气

单片的雪花很美丽，成千上万的雪花也会形成壮观的风景。让我们来看看自然界中的冰雪秀吧！

冰川

雪花长年累月地堆积在一起，就形成了**冰川**。上面一层雪花的重量压在下面一层雪花上，将下面的雪花压紧。雪被挤压得很紧密，最终形成了冰川。

雪花是白色的，为什么大部分冰川是蓝色的？当雪花被压缩，雪的结构发生了改变。压实的冰雪散射出蓝色的光。

随着全球气候变暖，很多冰川开始融化。

冰川

雪檐

当风将雪吹到陡峭的山脉悬崖面，冰雪悬挂在悬崖上，就形成了**雪檐**。

当你看到雪檐时，要很小心！挂在悬崖上的雪很可能掉落下来，这也标志着有雪崩的风险，**雪崩**就是大量的雪从山脉滑落下来。

雪檐

融凝雪

经过一系列的融化和蒸发，雪被压缩，形成了尖尖的**融凝雪**。融凝雪一般在山区形成，尤其是南美洲西海岸的安第斯山脉。融凝雪的尖角指向正午的太阳，常常自东往西排列。

融凝雪

最极端的！

设想你在开车，车窗外到处都是白雪皑皑。无论你低头看、抬头看、向旁边看，你都能看到雪。这是位于日本本州岛上的阿尔卑斯山上的场景。这里有全世界最深的积雪，至少是所有人类居住地区的最深积雪。

一条高速公路穿过群山中的峡谷，峡谷里雪花飘飘，车辆络绎不绝。路边，积雪堆起近20米高的墙，就像7层楼那么高。冬天，如果你开车经过这条路，就像是在穿过一条永远不会有终点的积雪隧道。

地球上有没有什么地方从来不下雪？当然有了！位于太平洋的关岛和位于加勒比海的维尔京群岛就从来不下雪。这两个地方全年的温度都很高。最低温度为10摄氏度，因为温度不够低，雪没法形成。

还有一个不下雪的地方可能会让你感到惊讶。南极洲的干谷（Dry Valleys）从来不下雪。南极洲当然足够冷，但是干谷的空气是世界上最干燥的空气之一。科学家们认为，在干谷，已经有200多万年没有下过雨和雪了。

参与进来

现在你已经知道了雪是如何在大气中形成的，雪是如何落到地面的。接下来，让我们用实验来了解现象背后的科学道理。在这个实验里，你会学到霜是如何在汽车挡风玻璃上形成的，冰晶如何变成雪花，雪里面含有多少水。因为这个实验需要很冷的环境，记得戴好帽子和手套。

1. 易拉罐里的霜

快问快答

思路： 在寒冷的早上，你是否注意到汽车车窗上的霜？水蒸气受冷凝结，从气体变成液体，又在汽车表面结冰，就形成了霜。在这个实验里，你会使用易拉罐、冰、盐来制作霜。当你把冰放到易拉罐里时，你认为会发生什么？当你加入食盐时，你认为会有什么变化？

注意： 小心易拉罐锋利的边缘。

材料：

- 碎冰；
- 两个干净的易拉罐（或者其他空金属罐子）；
- 盐。

步骤：

1. 把碎冰放进两个易拉罐中。

2. 在一个罐子里撒上盐，另一个罐子里不加盐。

3. 等待5分钟。

4. 再检查一下罐子。你应该注意到，霜形成在罐子的外面。

观察： 你认为其中一个罐子的外面为什么会形成霜？你认为食盐在这个实验中发挥了什么作用？

延伸： 使用其他的东西撒在碎冰的上方，再做一遍这个实验。比如，可以用糖和苏打粉做实验，观察是否与盐产生一样的效果。为什么？

为什么和怎么样： 你有没有见过雪后有人在道路上撒盐？盐降低了冰的熔点。所以，当你把盐撒到结冰的路边，即使户外温度比冰点还低，冰也会融化。用这种方式，可以将地面上的冰融化，地面就不会那么滑。我们在实验里也是这么操作的。当我们在碎冰上撒盐，降低了冰的熔点，碎冰便很快地融化，吸收了热量。易拉罐外面的水蒸气温度下降到冰点以下，水蒸气在易拉罐外面结冰，形成了霜。

2.雪花工厂

观察

思路: 雪花是如何形成的,雪花为什么这么轻? 在这个实验里,你将会找到这些问题的答案,你也会制作雪花。你需要使用干冰、水、钓鱼线和其他工具来创造微型的大气环境,在这个环境里,雪花可以形成。你可以在商店买到大部分的材料。瓶子的一些部分是不是比其他部分更暖或者更冷? 你认为不同的温度是否会改变雪花的形状?

 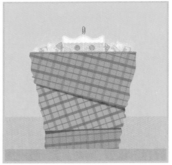 

注意: 找一个成年人帮助你拿干冰。戴上布手套或者皮手套,使用钳子或者勺子移动干冰。不要让干冰直接触碰到你的皮肤。

材料:

- 剪刀;
- 两个干净的空塑料瓶,容量为两升,
  需要有盖子;
- 海绵;
- 大头针;
- 钓鱼线;
- 缝纫针;
- 两个回形针;

- 用来拿干冰的布手套或者皮手套;
- 干冰;
- 桶;
- 洗碗布或者抹布;
- 水;
- 胶水;
- 放大镜。

步骤：

1. 在离瓶子底部约4厘米处用剪刀把瓶子的底部剪下来。先使用瓶子底部，把瓶子的上半部分放在一边备用。

2. 用剪刀修理一下海绵，让海绵的大小和形状能够正好塞进瓶子底部。然后，将海绵塞进瓶子底部，用大头针从瓶子的两侧穿进海绵里，固定住海绵。

3. 用剪刀剪一段约25厘米长的钓鱼线，将钓鱼线的一端穿进缝纫针的针眼，钓鱼线的另一端挂上回形针。

4. 将缝纫针戳进瓶子底部，穿过里面的海绵。把钓鱼线向上拉直，让回形针正好停留在瓶子底端。把钓鱼线上的缝纫针取出来，替换上另一个回形针。现在，钓鱼线的两端都是回形针了。

5. 戴上手套，把一部分干冰倒进桶里。先把瓶子的上半部分放进桶内，瓶盖朝下。再把瓶子的底部放进桶内，重新拼成瓶子。往瓶子周围再加点干冰。拿出抹布，把布缠在桶的外侧，让热量不要散发出来。

6. 把瓶子底部的海绵打湿，用胶水把瓶子的底部和上半部分重新粘在一起。瓶口朝下。注意，瓶子底部和海绵的周围不要有干冰。

7. 经过5~10分钟的等待，你会在钓鱼线上看到刚刚形成的小冰晶。用放大镜仔细地观察这些小冰晶。你只需要等待一小时，就可以看到钓鱼线上的雪花了。

观察： 冰晶是什么样的？所有的冰晶长得一样吗？钓鱼线顶部的冰晶和底部的冰晶有什么不同？

延伸： 分别用热水、温水、冷水打湿海绵，再做一遍实验，实验结果是否是一样的？水的温度是否影响冰晶的形态？

怎么样和为什么： 因为海绵被水打湿了，所以瓶子底部是湿润的。在使用热水时，瓶子底部相对较热。而瓶盖部分被干冰淹没了，温度较低。这就像是自然界中的大气逆温层，是形成干冰的环境条件。海绵上的水蒸发，形成了小水滴，在钓鱼线周围遇冷形成小冰晶，这与大自然中形成冰晶的方式有些差异。在自然界中，冰晶是由结冰的水滴形成的，不是由水蒸气形成的。但这个实验过程已经与自然界的真实情况很接近了。在自然界中，温度和湿度的变化会改变冰晶的结构和形状，在我们的实验中也是如此，这就是钓鱼线顶部和底部的冰晶形态不同的原因了。

3. 雪里含有多少水

到户外去

思路： 下雪啦，雪里不仅有雪花，还有空气。你想过雪里含有多少水吗？在这个实验里，你会发现几厘米厚的雪里含有多少水。雪融化以后会变成多少水？

注意： 轻拿轻放玻璃罐，千万要小心，不要打碎了。

材料：

- 玻璃罐；
- 雪；
- 可擦水彩笔；
- 尺子；
- 钢笔或铅笔。

步骤：

1. 在下雪天把玻璃罐带到户外。往玻璃罐里装上雪。用水彩笔在罐子上标记雪的高度。用尺子量出玻璃罐里雪的高度，把数据记录在下面的表格中。

2. 把玻璃罐带回家，等待玻璃罐中的雪慢慢融化。

3. 等到玻璃罐里的雪全部融化后，用水彩笔标记玻璃罐里水的高度。用尺子测量水的高度，将数据记录在下面的表格中。

4. 将你记录的雪的高度除以你记录的水的高度。

观察： 融化的雪产生的水比你预想的多还是少？

延伸： 冬天，在下雪的时候，多做几遍这个实验，记录下每次的实验结果。是不是不同的雪之间含水量也不同？

怎么样和为什么： 当雪花飘落的时候，它们不会紧密地粘在一起，在雪花之间含有很多空气。因此，下雪不像下雨那么湿。300毫米降水量的暴雨可能会带来一场洪水，然而，300毫米的积雪深度并不会带来那么多水。

雪的高度	雨的高度	雪的高度/水的高度

第 7 章

雾

　　早晨，你起床看看窗外，可是，你几乎看不到东西。你看不到隔壁院子里的树，你看不到马路边的信箱。是因为你没睡醒吗？不是，是因为你遇到了一个大雾天。

　　雾形成的过程与云很相似，雾就像是接近地面的云。你可能已经想到了，在大雾天走路或者开车是一件极其困难的事情。当你遇到浓雾天气，能见度是很低的。在大雾天，开车或者使用其他交通方式出行都是很危险的。你是否曾经不得不在大雾天出行？

　　当一个地方的空气湿润，地表温度和大气温度有差异时，就可能会形成雾。因此，雾能在很多地方形成。

雾是怎么形成的

雾看上去很像接近地面的云。事实上，它的形成原理也与云相似。当温暖湿润的空气上升，遇到较冷的上层空气，就会凝结形成小水滴。

就和形成云的过程一样，如果空气里有灰尘、烟、污染物等小颗粒，雾也更容易形成。你是否注意到，海边经常出现大雾？那是因为水蒸气在空气中的盐颗粒上凝结，形成了雾。

然而，雾的形成方向与云的形成方向相反。白天，阳光温暖了地面。晚上，地面的温度比空中更低。当湿润的空气接触到寒冷的地面，受冷凝结成了小水滴。雾的形成过程是否与云的形成过程很像？以这种方式形成的雾叫作**辐射雾**（radiation fog）。

另外一种雾叫作**平流雾**（advection fog）。当温暖湿润的空气遇到寒冷的表面，就容易形成平流雾。在美国西海岸常常出现平流雾。受寒流影响，美国西海岸海上的空气比陆地上的空气更冷。

最极端的！

我们已经习以为常，在大部分的日子里，我们可以很容易地坐车从一个地方到另一个地方去旅行，在世界上的很多地方都是如此。遇到大雾天只是我们少有的烦恼。但是，如果你住在加拿大纽芬兰岛东南边的大浅滩（Grand Banks），生活可不是这样。

大浅滩每年会有大约200天的大雾天气，当之无愧是世界上出现大雾天气最多的地方之一。为什么大浅滩经常会出现大雾天气呢？因为，从北向南的寒流与从南向北的暖流在此汇聚，整个区域经常有雾形成。

如果你不喜欢大雾天气，你可以搬到美国西南部的沙漠地区。这片地区包括内华达州、犹他州、亚利桑那州、新墨西哥州的部分区域。在这些地区很少出现大雾天气。

你可能会发现，群山环绕的峡谷中经常云雾缭绕。**谷雾**一般出现在清晨或者夜晚。夜晚，水蒸气遇到高山中寒冷的地面，形成了雾。这种厚厚的雾很重，滑下了山坡，落入了峡谷，形成了谷雾。

其他一些方式也可以形成雾。**蒸汽雾**形成于湖泊上方，经常在秋冬季出现。蒸汽雾是怎样形成的呢？在湖泊的表面，如果冷气团在暖气团上方，上升的暖气团就会推着冷气团上升。当暖气团抬升冷气团时，两种气团混合，这个过程冷却了湖泊表面的湿润空气，形成了蒸汽雾，这很像是从湖面垂直上升的缕缕青烟。

当温度低于冰点，雾中的小水滴会在指示牌、车窗、道路等表面凝固成冰。这种情况下，道路湿滑，开车必须非常小心。

如果气温低于零下 10 摄氏度，可以形成**冰雾**。这种情况下，水蒸气不再变成小水滴，而是变成小冰晶。在阿拉斯加、南北极等寒冷地区，这种雾很常见。

遇到大雾天，有些人会说自己在等"雾气燃烧"（burn off）。在太阳的照射下，雾气就像被燃烧了一样，真的消失了。实际上，这种现象不是真的燃烧，而是阳光加热地面，从大雾的边缘开始，雾气一点点消失。

给糖还是捣蛋

在恐怖电影里，雾应该是最常出现的场景了。在很多电影里，怪兽都埋伏在大雾中。当你在万圣节参加"给糖还是捣蛋"的活动时，甚至可以看到一两台制造雾气的机器。为什么大雾天让人毛骨悚然？因为厚厚的雾会让你的视野不那么清晰，所以，电影中的大雾场景中，经常藏有恐怖的反派角色。那些让人害怕的角色会从雾中突然跳出来。

在现实生活中，大雾下虽然不会藏着怪兽或者坏人，但大雾仍然很危险。比如，在厚厚的大雾中，你可能看不清楚路，开车和步行都变得极其困难。

在大雾天，是什么因素影响了能见度？这与空气中水蒸气的数量和水滴的大小有关。空气中的水蒸气越多、形成雾的水滴越大，能见度就越低。但是，如果空气中有很多颗粒或者污染物，即使没有大量的水蒸气，雾气也会很厚，成为雾和霾的混合物。

参与进来

现在，让我们带好装备，去大雾里瞧瞧吧！在接下来的实验中，我们会亲手制作雾，我们会试试看怎样才能在大雾天看得清楚。

1.罐子里的雾

快问快答

思路： 当空气中的水蒸气凝结成小水滴，雾便形成了。在这个实验中，你会尝试去改变瓶子中的气压。把手套放进罐子里的时候，你认为会发生什么？把手套从罐子里拿出来的时候，你认为会发生什么？

注意： 找一个成年人帮你点燃火柴。拿玻璃罐的时候轻拿轻放，不要打碎玻璃罐。

材料：

- 水；
- 宽口的玻璃罐，罐口的大小要以能放进你的手为准；
- 橡胶手套；
- 火柴。

步骤：

1. 我们先练习一遍实验步骤。往罐子里倒一点点水，罐子的底部正好被水覆盖。戴上手套，手伸进罐子。把手套留在罐子里，把手拿出来，把手套手腕部分的口子翻过来，盖上罐子的口，把罐子密封住。

2. 把手套从罐子里拿出来。现在你已经练习了一遍实验步骤，可以正式开始实验了。

3. 点燃一根火柴，把火柴扔进罐子中。用你最快的速度按照刚刚的步骤用手套封住罐口。

4. 把你的手指伸进手套，把手套的手指部分轻轻地拉上来。注意动作要轻，保持手套密封在罐口上。观察发生了什么。

5. 把手套重新放进罐子，观察发生了什么。

观察： 当你把手套拉出罐子的时候，发生了什么？当你把手套放进罐子的时候，发生了什么？

延伸： 再做一次实验，拉手套和放手套时动作更慢一些。雾是在什么时候开始形成的？

怎么样和为什么： 罐子底部的水蒸发，形成了水蒸气。当你把手套拉出来时，罐子里的空气膨胀了，温度降低了。当水分子的温度降低时，运动的速度变慢，水蒸气开始凝结。燃烧火柴产生了烟，水蒸气凝结在烟的颗粒上，形成更大的小水滴，因此产生了更浓的雾。因为高海拔地区气压较低，雾也经常在山顶形成。

2.罐子里的烟雾

观察

思路： 名词"烟雾"一般指的是包含化学污染物的雾，是烟与雾的混合体。烟雾形成的原因有很多，包括水蒸气在煤烟等小颗粒上凝结。在这个实验中，你会见到烟雾在罐子里形成。如果你把冰块放在罐子上面，会发生什么？

注意： 找一个成年人帮你点燃火柴。

材料：

- 水；
- 带盖子的宽口玻璃罐；
- 火柴；
- 冰块。

步骤：

1. 先倒一点水到罐子里。盖上盖子后，摇晃一下罐子。再打开盖子，把水倒出来。

2. 点燃一根火柴，把它扔进罐子里。重新盖上盖子。

3. 快速把冰块放在罐子上方。尽可能多放一些冰块。

4. 观察几分钟后发生了什么。

观察：当你把火柴扔进罐子里，观察会发生什么。当你把冰块放在罐子的盖子上，观察会发生什么。

延伸：不使用火柴，再试一遍这个实验。雾形成了吗？如果形成了，与刚才的雾有什么不同？

怎么样和为什么：如果空气中有小颗粒，小水滴更容易在小颗粒上凝结，形成雾和云。当空气中有很多烟等污染物的时候，形成有污染的雾，我们称为"烟雾"。在我们的实验里，我们燃烧火柴，从而增加空气里的小颗粒。在现实生活中，汽车排放尾气，工厂排放烟，让大气中增加了很多颗粒。大城市车来车往，因此经常被烟雾问题困扰。

3. 在大雾中如何看得清楚

到户外去

思路：有些车的车灯下面有一种特殊的灯——雾灯。雾灯是怎么发挥作用的呢？在大雾天出门，通过实验试试看吧！在这个实验里，你将用灯射出一道光线，高度在靠近地面的位置，大约在你的腰间。当灯射入雾中时，观察会发生什么？多高的光线会让你最容易看清路上的标志？

注意：找一个成年人和你一起行动。当能见度很低的时候不要走到马路上，不要去停车场。当你做实验的时候，一定要站在一个安全的地方。

这个实验需要在大雾天完成。

材料：

- 手电筒；
- 钢笔或铅笔。

步骤：

1. 在大雾天的清晨或者夜晚，天还比较暗，在这个时候出门。在成年人的陪同下，选择一个安全的地点，在这个地方可以看到路上的某些标志。

2. 打开手电筒，直接向前照射。你可以看清楚你面前的情况吗？你可以看到地面上的标志吗？你觉得现在能见度是好的、一般、差的，还是特别差？

3. 现在趴在地上，再向前照射。你可以看清楚你面前的情况吗？你可以看到地面上的标志吗？你觉得现在能见度是好的、一般、差的，还是特别差？

4. 站起来，把手电筒举过你的头顶，向前照射。你可以看清楚你面前的情况吗？

你可以看到地面上的标志吗？你觉得现在能见度是好的、一般、差的，还是特别差？

5. 回家记录刚刚的观察结果，可以写在下面的表格中。

观察：什么样的照射角度能见度最好？什么位置你的视野最清晰？

延伸：使用不一样的灯泡再做一遍这个实验。你可以使用白炽灯和LED灯。哪种灯让你的能见度更好？

怎么样和为什么：汽车上雾灯的作用和车前灯的作用不同。雾灯是向下照射的，这样驾驶员能看清楚地面。一般来说，车前灯向上照射，对提高大雾天的能见度并没有帮助。因为车前灯的灯光照射到雾气后，又反射回来，让驾驶员的视线更加模糊。在这个实验里，当你将手电筒向前照射时，你应该已经体验到这种灯对能见度的影响。

灯光的高度	能见度
低	
中	
高	

第 8 章

沙尘暴

当某个区域有干燥的土壤和强劲的风，就可能会发生**沙尘暴**。当风力非常强劲，把大量的沙土从一个地方运到另一个地方，沙尘暴就发生了。

干燥地区常常发生沙尘暴，比如在北非的沙漠和阿拉伯半岛。在美国，沙尘暴经常在西南部的一些州发生，比如亚利桑那州和新墨西哥州。

在你居住的地方，发生过沙尘暴吗？

沙尘暴是怎么形成的

　　沙尘暴的形成要从暴风雨说起。暴风雨会带来强风。强风可以卷起干燥土地上的尘土、沙子、土壤。沙尘暴的前进速度可以很快，可以达到32~96千米/时。当沙尘等颗粒从地上被卷起，在**上升气流**的影响下，会飞得越来越高。

　　大气高层中的强风把沙尘带走，沙尘"旅行"距离的长短与沙尘的大小有关，沙尘在大气中停留的时间短至几个小时，长达十几天。沙尘可以"旅行"成百上千千米。最终，沙尘从高空降落到地面。

　　你是不是觉得遇到飘来飘去的沙尘并没有什么大不了的？但是，沙尘会给地球生态带来影响。科学家估计，每年有大约2000万吨的沙尘从非洲的撒哈拉沙漠被运到南美洲的亚马孙平原。这些沙尘为亚马孙雨林里的动植物提供了大量的营养物质。

　　虽然沙尘对地球生态有很重要的积极影响，但沙尘暴有时候会带来麻烦，甚至会带来灾难。空气中的沙尘不利于人类身体健康。有些沙尘非常细小，人类呼吸时，会把沙尘吸进鼻腔，并进入呼吸道，从而引起呼吸问题和心脏问题，包括肺炎、哮喘病、心血管疾病等。

　　沙尘暴还会影响地球的生态系统。从第4章你可以了解到，当空气中有气溶胶颗粒时，更容易形成云。

　　这些颗粒就像是形成小水滴的"种子"。水蒸气遇到这些小颗粒，在其表面形成小水滴。沙尘暴带来的颗粒也属于气溶胶颗粒。所以，沙尘暴对当地云的形成影响很大。沙尘颗粒的大小不同会影响云对太阳光的反射量，从而影响当地气温。

人类活动对地球上的沙尘暴有一定影响。森林和草甸等植被有保持水土的作用。当人们砍伐树木、毁坏森林和草甸，建造高楼和农场时，更多的地表裸露了出来，这也为沙尘暴的形成提供了更多的沙尘来源。此外，全球变暖导致气温上升，土地干旱，植物死亡，也会让更多的地表裸露了出来。

图说天气

沙尘暴对地形的影响很大。下面的图片看上去非常震撼，又有点恐怖。接下来，让我们从远到近分别看看沙尘暴的样子。

沙尘暴带来如此多的沙子，以至于我们可以从太空中看到沙尘暴运动的过程。从一些极轨气象卫星拍摄的照片中可以看出，有时沙尘从撒哈拉沙漠出发，前行超过 1600 千米，到达大西洋。

这张照片是在直升机上拍摄的。照片显示沙尘暴逼近亚利桑那州的凤凰城的过程。沙尘暴像一堵墙一样前进，正好在暴风雨的前方。这张照片的拍摄者和飞行员在拍完照片后安全着陆了。但是，在沙尘暴中，飞机将处于危险的境地。

这张照片非常有名。1936年，一场沙尘暴过后，俄克拉何马州的一幢房子被沙尘淹没。此时，美国的南部草原正在经历干旱，常常发生非常剧烈的沙尘暴，人们称为"黑风暴"。因为这些令人窒息的沙尘，人们称这些区域为"沙尘碗"。受到沙尘暴的影响，当地的生态系统多年无法恢复。

不难想象，撒哈拉沙漠布满了沙子。实际上，大部分最后到达海洋的沙尘是来自撒哈拉沙漠。撒哈拉沙漠南部的博德莱洼地是世界上沙尘暴的最大来源地。每年，这个区域有100多天的沙尘暴天气。

人们可以居住在撒哈拉沙漠吗？当然可以！大约有250万人居住在撒哈拉沙漠。他们有的住在永久水源旁边，有的从一个地方到另一个地方赶着羊群、骆驼放牧。

虽然沙尘暴会在大部分气候带发生，但是在植被丰富、湿润的区域很少发生沙尘暴，比如热带雨林。

参与进来

在现实生活中，遭遇沙尘暴是一件很危险的事情。但是，我们可以通过实验来了解沙尘暴。在这里，我们会研究风速如何影响沙尘暴的传播方式，不同类型的土壤对沙尘暴有什么影响。最后，我们会尝试着预测哪些区域的沙尘暴风险最大。让我们开始吧！

1.桌面上的沙尘暴

快问快答

思路: 空气里看似什么都没有,其实却可以运输小颗粒,空气中有足够多的小颗粒就能形成沙尘暴。在这个实验里,你可以使用一盒面粉制作桌面上的沙尘暴。如果你轻轻地吹面粉会发生什么?如果你很用力地吹面粉会发生什么?面粉的运动轨迹是怎样的?

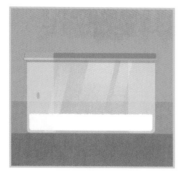  

注意: 小心,不要把面粉吸进鼻子或者嘴里。

材料:

- 面粉;
- 干净的塑料盒子,一侧有一个小孔;
- 笔记本或纸;
- 铅笔或钢笔。

步骤:

1. 往塑料盒里倒一些面粉。

2. 往塑料盒的小孔中吹气。轻轻吹,观察面粉的运动方向和在空中的停留时间。记录下你的观察结果。

3. 往塑料盒的小孔中吹气。用力吹,观察面粉的运动方向和在空中停留的时间。记录下你的观察结果。

观察：轻轻吹气和用力吹气两种方式带来的结果有什么不同？哪种方式面粉在空中停留的时间更长？面粉运动的方式有什么不同？

延伸：再做一遍这个实验。改变你的吹气方向，首先试一下向上吹气，模拟上升气流；接着试一下向下吹气，模拟下沉气流。吹气方向的差异会改变面粉在空中停留的时间吗？

怎么样和为什么：你可能会发现，你越用力吹气，就会有越多的面粉飞到空中，面粉在空中也会停留更长的时间。这和现实中的沙尘暴一样，风把大量的沙尘带入空中。

2.尘暴和沙暴

观察

思路： 世界各地的土壤质地各不相同，不同的土壤会带来不一样的沙尘暴吗？在这个实验里，你可以看到沙子、土壤在空气中的运动有何不同，哪种会被吹得更远？

  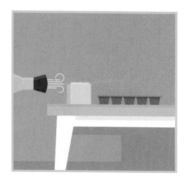

注意： 找一个成年人帮你把吹风机插进插座和使用吹风机。

材料：

- 几块木头；
- 托盘；
- 沙子；
- 吹风机；
- 你家附近的土壤；
- 粉末状的糖；
- 钢笔或铅笔。

步骤：

1. 找一个接近电源的桌子。用木块搭建一个小小的平台。把托盘放在平台前面几厘米的地方。平台要比托盘略高。

2. 把一堆沙子放在平台上，插上吹风机。

3. 让吹风机对准沙子，朝向托盘。打开吹风机的开关，吹5~10秒。观察托盘里的沙子，了解沙子的运动轨迹。

4. 把你家附近的土壤放在平台上。按照步骤3再做一遍实验。观察土壤的运动轨迹。

5. 把粉末状的糖放在平台上。按照步骤3再做一遍实验。观察糖的运动轨迹。

6. 看一下托盘，观察土壤、沙子、糖的运动轨迹有什么不用。在下面的表格里填写观察结果。

观察：在风中，哪种材料前进的距离更远？托盘中最多的是哪种材料？

延伸：使用其他的材料，再做一遍实验。可以使用小石子、花园中的土壤等其他你感兴趣的材料。

怎么样和为什么：在沙尘暴中，最小、最轻的颗粒被风吹得最远。有时候能够"旅行"成千上万千米。如果你仔细观察土壤和沙子，你大概会注意到，最小的颗粒被吹得最远。

材料	托盘里面含有材料的数量
沙子	
土壤	
粉末状的糖	

3.定位沙尘暴

到户外去

思路： 沙尘暴多发地有特殊的地理特征。沙尘暴更容易在土壤干燥的区域发生。在这个实验里，你会看到地球的卫星云图，并且尝试寻找最容易发生沙尘暴的区域。你认为沙尘暴易发地长什么样？你再搜索一下互联网，查一下沙尘暴易发地，验证一下你的预测是否正确。

注意： 找一个成年人帮你在互联网上查找资料，你可以使用计算机、平板电脑或者智能手机。

材料：

- 计算机、平板电脑或者智能手机。你可以使用这些设备查找地球卫星云图和区域地理特征的信息。

步骤：

1. 查看地球的卫星云图，看一下区域的地理特征。比如，这个区域看上去是山区吗？这个区域是否是绿色的？是否有很多树？

2. 根据卫星云图显示的区域地理特征，预测这个区域是否容易发生沙尘暴。在后面的表格中记录下你的预测。

3. 在网上查一下，沙尘暴是否经常在这个区域发生。

观察：你用什么方法来判断一个区域是否会发生沙尘暴？你的预测是否准确？

延伸：你居住的地方会经常发生沙尘暴吗？想想为什么你居住的地方会/不会发生沙尘暴，把原因写下来。

怎么样和为什么：一般来说，经常发生沙尘暴的区域是沙漠地区。在卫星云图上，这些区域看上去很宽阔，颜色是黄褐色的。卫星云图上，郁郁葱葱的地方一般是植被茂盛的区域。植物的根系有保持水土的作用。因此，风就很难带走土壤表层的小颗粒。

预测经常会发生 沙尘暴的地方	评判标准	互联网搜索：这个区域 是否经常发生沙尘暴？
区域 1		
区域 2		
区域 3		
区域 4		
区域 5		
区域 6		

第3部分

自然灾害：我们不在自己的地盘

我们经常会遇到破坏计划的坏天气。但是，恶劣的天气要比这糟糕得多。当天气导致房屋、道路、城市损毁，完全影响了人们的日常生活，这种恶劣的天气现象就叫作气象灾害，气象灾害是**自然灾害**中占比最大的一类灾害。

诸如飓风、洪水、野火、干旱等自然灾害会造成房屋、食物、医疗等资源短缺。每年，大约有1.6亿人遭受自然灾害影响。

不幸的是，我们不能阻止自然灾害的发生。但是，气象学家们一直在研究这些气象灾害，并且告诉我们这些气象灾害的变化规律以及遇到气象灾害时该如何防御。

比如说，你是否听说过"飓风季"或者"龙卷风季"？飓风和龙卷风在美国全年都可能会发生，但有些时候发生的次数更加频繁。气象学家们发现，美国大西洋沿岸的飓风经常发生在6~11月，南部平原的大部分龙卷风发生在5~6月。

气象学家运用一系列工具测量大气条件，预测极端天气。他们也预测最容易受到灾害影响的地区。天气预报和灾害预警帮助人们及时撤离，进入安全区域。

问问你的爸爸妈妈和老师是否经历过巨大的气象灾害。那时候，他们感觉怎么样？他们做了哪些准备措施？

第 9 章

龙卷风

龙卷风是在强烈不稳定天气条件下产生的一种小范围的空气涡旋。龙卷风的移动速度很快，有时候超过480千米/时。龙卷风非常危险，因为龙卷风可以卷起物品，并将残骸扔下来。就像你在电影《绿野仙踪》（*The Wizard of Oz*）中看到的，龙卷风的风力足够强大，可以损坏汽车、树木和建筑物。特别强大的龙卷风甚至能摧毁整个城镇。

美国的大部分龙卷风发生在大平原区域。这个区域包括北达科他州、南达科他州、怀俄明州、内布拉斯加州、堪萨斯州、科罗拉多州、俄克拉何马州、得克萨斯州、新墨西哥州。这个区域经常遭遇龙卷风，因此被称为"龙卷风走廊"。

为什么大平原区域经常会有龙卷风？在这里，来自北方的干冷气流与来自南方的暖湿气流相遇，当这两股气流相遇时，形成了云，并最终形成了雷暴。特定种类的雷暴容易形成龙卷风。大部分的雷暴发生在春季和夏季，这也是龙卷风多发的季节，因此，春季和夏季也被称为"龙卷风季"。

只要天气条件合适，龙卷风在整个美国都可以发生。在太平洋西北地区和东北地区，龙卷风不常发生。你居住的区域是否有龙卷风发生呢？

龙卷风是如何形成的

我们都知道，温暖湿润的热空气上升，受冷凝结成小水滴，形成了云。那么，龙卷风到底是如何形成的呢？

科学家对这个问题还没有明确的答案。所有的龙卷风都来自雷暴，但不是所有的雷暴都能形成龙卷风。只有小部分的雷暴会形成龙卷风。科学家们还不清楚，形成龙卷风的雷暴和不形成龙卷风的雷暴的区别在哪里。

科学家能够确定的是，龙卷风形成于快速旋转的雷暴，这种雷暴被称为**超级单体**。

超级单体看上去像天空中的巨大的钻头。超级单体并不是很常见。当超级单体形成时，容易出现强风、冰雹、龙卷风等极端天气。

当热空气上升，形成上升气流，冷空气下沉，形成**下沉气流**，就可能会形成雷暴。超级单体也是在这种气象条件下形成的。

超级单体和其他常规的雷暴形成方式不同。在超级单体中，近地面的风和离地面6000米的高空中的风的方向不同，从而形成了水平旋转的空气柱。接着，上升气流把旋转的空气柱向上拉，形成了旋转的雷暴——超级单体。

大约有30%的超级单体会形成龙卷风。科学家们还不清楚形成龙卷风的超级单体与其他的超级单体有什么不同，但是，科学家正在设计更多的实验来进行研究。

龙卷风带来了地球上风速最快的风。一些龙卷风的直径只有几米，也有一些龙卷风的直径比足球场的长度更大。

气象学家通过研究龙卷风经过的受灾地区的状况，可以估计龙卷风的风速，并且标注龙卷风的级别。依据改进版藤田等级标准，龙卷风被分为EF0~EF5级。EF0级龙卷风的风速在105~137千米/时，EF5级龙卷风的风速在320千米/时及以上。

气象学家时刻密切关注着天气，了解是否有适合龙卷风形成的气象条件。如果当雷暴发生时，气象条件符合龙卷风的形成条件，气象学家就会发布"龙卷风预警"。如果龙卷风已经形成，气象学家会发布"龙卷风警报"。在这两种情况下，你都要密切关注预警信息和相关防护指导。

电影情景小测试！

我最喜欢的一部关于天气的电影是1996年拍摄的《龙卷风》。就像大部分电影一样，一些电影情节是基于现实生活的，另一些电影情节则"不能在现实生活中效仿"。下面两个场景，你认为哪个是生活中发生的，哪个是好莱坞的电影特效？

人们开着汽车或卡车追逐龙卷风

正确！很多气象学家和摄像师在春夏的龙卷风季去大平原追逐龙卷风。一些风暴追逐者同时也做气象研究，像电影中的科学家一样收集地面的数据。另一些风暴追逐者仅仅拍摄龙卷风的视频。他们将视频和照片卖给电视台，或者发布在网上。

你可以在车里躲避龙卷风

错误！电影里有个角色在车里躲避龙卷风，在现实生活中，这是一个错误的示范。龙卷风带来的强风可以卷起汽车，把汽车扔出去，摧毁汽车，坐在汽车里的人也很危险。躲避龙卷风的最佳地点是房屋或者高楼的地下室。如果你没有地下室，躲在你房子里中间的那个房间，那个房间不能有窗。

2019年3月3日，一个强烈的风暴系统导致了大约40个龙卷风的形成，这些龙卷风袭击了美国东南部地区，严重破坏了亚拉巴马州、佛罗里达州、乔治亚州的部分地区。

其中一个龙卷风被定为EF4级，也就是说龙卷风风速在267千米/时以上。这是这个风暴系统中最强的一个龙卷风。龙卷风所到之处，树木摧毁、房屋损坏。这个龙卷风造成23人死亡，多人受伤。

风暴过后，城镇遭到巨大的破坏。龙卷风这样的气象灾害非常可怕，受灾地区的人们灾后急需重整家园，帮助需要帮助的邻居。

工作人员和志愿者把被毁坏的东西装在垃圾车中运走。清理只是第一步，重建需要更长的时间，即使在风暴过去一年以后，受灾地区的很多人仍然不能搬回原来的家。

参与进来

在接下来的实验中，你会学到气象学家判断风暴位置的方法，亲手制作一个"风暴"，设计一个可以躲避龙卷风的房子。让我们开始吧！

1. 多普勒效应

快问快答

思路： 多普勒雷达可以用来判断风速和风向，从而提高天气预报的准确率。同时还可以帮助预测风暴的强度以及接下来的运动轨迹。在这个实验里，你会使用剃须刀和录音设备来体验多普勒效应。当剃须刀靠近或者远离录音设备时，声音有什么变化？

注意： 你需要一个成年人来帮助你使用剃须刀。

材料：

• 电动剃须刀；

• 智能手机、平板电脑、计算机上的录音设备或者App。

步骤：

1. 打开剃须刀。把剃须刀放在录音设备的话筒附近，录下声音。在你录音时，不要移动剃须刀。

2. 播放你刚刚录的声音，听一下是否与剃须刀的原始声音一样。

3. 再次打开剃须刀，按下录音设备上的录音按键。这次把剃须刀靠近话筒，再远离话筒。

4. 播放两段录音，听两段录音的区别。

观察： 当剃须刀靠近话筒的时候，声音是怎样的？当剃须刀远离话筒的时候，声音又是怎样的？

延伸： 再做一遍这个实验。这次将剃须刀在话筒前后快速移动，录下这段声音。再将剃须刀在话筒前后慢速移动，录下这段声音。把录下来的声音给其他人听一听，问问他们是否能通过两段声音来判断两次运动速度的不同？

怎么样和为什么： 当剃须刀靠近话筒时，剃须刀的声音听上去更高；当剃须刀远离话筒时，剃须刀的声音听上去更低，这种现象缘于多普勒效应。声音是由波组成的，当发声的物体靠近你的时候，波被挤压在一起，这使得声音更高；当发声的物体远离你的时候，波拉长了，这使得声音更低。

气象学家运用这个原理发明了多普勒雷达。多普勒雷达使用无线电波，无线电波遇到雷暴云会反射回来，信号被接收器接收。气象学家研究反射波和原始波的区别，这帮助他们了解风暴在多远的位置，运动速度有多快，是否是一个旋转的超级单体。

2.风暴是如何形成的

观察

思路： 一般来说，暖气团和冷气团在大气中相遇时，会产生暴雨。在这个实验里，你会使用加了色素的热水和冷水。当热水和冷水在一个干净的塑料盒子里相遇时，你认为会发生什么？

注意： 使用色素时要小心，不要把色素弄到衣服上或地毯上。

材料：

- 水；
- 杯子；
- 蓝色的食用色素和红色的食用色素；
- 勺子；
- 冰格；
- 干净的塑料盒。

步骤：

1. 往一个杯子里倒一些水，加一点蓝色的食用色素。用勺子搅拌。把已经被染成蓝色的水倒进冰格里，放进冰箱冻成冰块。

2. 蓝色的水冻成冰块后，把温水倒入干净的塑料盒。往塑料盒一侧的温水里加一些红色的食用色素。

3. 往塑料盒的另一侧加3~4块蓝色冰块。

4. 观察发生了什么。

观察： 当蓝色的冰块开始融化时，发生了什么？

延伸： 再做一遍实验，使用不同温度的水。比如，你使用冷水或者热水来代替温水做这个实验，会发生什么？

怎么样和为什么： 在自然界中，当冷气团和暖气团相遇，会形成雷暴。冷空气下沉，将热空气往上推。你可以在实验中看到，蓝色的冷水（冰块融化后）下沉，将红色的热水向上推。热水和冷水相遇的地方就是大气中不稳定的地方，这就是雷暴产生的位置。

3.在龙卷风中保持安全

到户外去

思路： 龙卷风的风速很快，会摧毁房屋和其他建筑物。工程师和建筑师用一些方法来设计各种建筑物，从而使它们在龙卷风中更加稳定。使用铅笔和纸，或者计算机绘图软件，设计你自己的能够抵御龙卷风的房子。以下是能够抵御龙卷风的房子的特征。

- 房间不能有窗。
- 房间不容易被水淹。
- 房屋要有牢固的墙和屋顶，可以抵御400千米/时风速的强风的袭击。
- 房子要有坚固的地基。

注意： 没有！这个实验适合所有年龄段。

材料：

- 铅笔；
- 纸。

步骤：

1. 了解可以抵御龙卷风的房子的特征。

2. 使用铅笔和纸来设计一个能够抵御龙卷风袭击的房子。

观察： 什么样的房子可以让你在龙卷风中保持安全？设计一个既可以抵御龙卷风袭击，又有洗手间、卧室等其他必备要素的房子，这件事情是否很困难？

延伸： 按照你的图纸，使用塑料的建筑材料来尝试建造你自己的房子。你设计的房子是否安全可靠？

怎么样和为什么： 龙卷风通常带来强风、暴雨，甚至还有冰雹。躲避龙卷风的最佳地点是不会被水淹没的地下室。如果没有地下室，在房屋中间的无窗房间是躲避龙卷风的第二选择。为什么呢？龙卷风带来的碎片会打碎窗户玻璃，飞进来的玻璃碎片很危险。思考一下，如果龙卷风或者其他风暴来了，你可以躲到哪里。

第10章

飓风

飓风是地球上最强的风暴之一。从太空中看，飓风像一个旋转的风车，中心有一个洞。飓风风速超过320千米/时，可以摧毁房屋，将树木连根拔起。飓风的直径很大，超过480千米。

飓风在赤道的南部或者北部形成。为什么呢？飓风一般在热带海洋形成，比如非洲西海岸和加勒比海等地。热带海域非常温暖，暖湿气流是形成飓风的条件。只要条件合适，一年中的任何季节都可能会有飓风生成。大西洋的飓风一般生成于7~11月，因此这个季节也被称为"飓风季"。

什么地方不会生成飓风？飓风不会在赤道上形成。飓风也很少在欧洲海岸和美国西海岸形成。

你居住的地方有飓风吗？

飓风是如何生成的

飓风、热带气旋、台风生成于温暖的海域。赤道南部和北部的温暖海水制造了温暖湿润的空气。正如我们在前几章所学的那样，热空气上升，受冷凝结为小水滴，形成了云。

越来越多的温暖湿润的空气从海洋上升，组成了越来越大的云，并进一步形成了雷暴云。很多雷暴云在赤道南部和北部形成。

那么，雷暴云是如何变成旋转的飓风的呢？

风暴的旋转是因为受到地球自转的影响。地球自西向东自转，地球上的风会向一个方向偏。风在北半球向右偏，南半球向左偏。

就像我们在第3章学的那样，这种现象叫作科里奥利效应。科里奥利效应把一簇雷暴云变成了旋转的飓风。由于科里奥利效应的影响，北半球的飓风逆时针旋转，南半球的飓风顺时针旋转。

当旋转的气旋的风速达到60千米/时，气象学家就称之为热带气旋。当风暴的风速达到118千米/时，气象学家称之为飓风。

热带气旋、台风还是飓风

你大概听说过飓风袭击了加勒比海地区或者佛罗里达地区，那么是否全球都有这样的气旋呢？的确是这样！然而，不同地区生成的气旋有不同的名字。

如果风暴在北大西洋海域或者东太平洋海域生成，就叫作飓风。如果在南大西洋海域或者印度洋海域生成，就叫热带气旋。如果在西太平洋海域生成，就叫作台风。

飓风的中心区域叫作飓风眼，飓风眼相对平静。飓风眼是低气压区域，风比较小，也没有雨。飓风眼外围是飓风云墙。飓风云墙的风速很大，风力也很强。云墙外围是雷暴区域，称为雨带。

飓风的能量来源于热带洋面上温暖湿润的空气。当风暴停留在热带洋面上，风力会越来越强。当风暴遇到冷水水域，能量会减弱。当风暴远离海洋登陆，能量也会减弱。

然而，登陆的飓风仍然很强大。飓风带来的风雨极具破坏性，可以损毁房屋和其他建筑。

天气指数

2017年的大西洋飓风季破了很多纪录，造成了严重的损失。2017年，海水温度特别高，给飓风提供了充足的能量。实际上，这是美国历史上最活跃的飓风季，也是最"昂贵"的飓风季。

其中，飓风哈维、飓风厄玛、飓风玛利亚、飓风内特4个飓风造成了严重的损失。2017年8月，飓风哈维袭击了得克萨斯海岸，风速为160千米/时，降水量为1520毫米，造成了严重的洪涝灾害。

几周后，飓风厄玛袭击了佛罗里达州和维京群岛，造成了巨大的损失。很多区域停电，大约有1600万人受到停电影响。紧接着，飓风玛利亚袭击了波多黎各。飓风袭击过后的3个月，波多黎各约一半人口仍然处于断电状况。

10月，飓风内特登陆中美洲和美国，造成了近亿万美元的损失。

受灾地区需要多长时间才可以从风暴的破坏中恢复？大概需要几年时间才可以重建家园。电力和道路有时候可以在几周内或者几个月内恢复。然而受灾地区的人需要几年的时间来修复和重建房屋。

飓风带来的另一种可怕的影响是风暴潮。飓风带来的强风，导致海平面上升，风暴潮就产生了。一些飓风带来的风暴潮高于7.5米。有时候，风暴潮带来的影响比飓风更严重。

一些科学家研究气候变化对飓风的影响。科学家预测，随着全球变暖，飓风发生的频率将会越来越高，飓风发生的数量会继续上升。全球变暖造成海平面的上升，会加剧飓风带来的洪涝灾害。

参与进来

飓风是可怕的风暴，但是我们可以在家里安全地做实验来了解飓风。在这一章中，我们将会制作一个测量风速的工具，研究风暴潮的影响，追踪海洋上真实的风暴。收好工具，做好准备，我们开始吧！

1. 风速仪

快问快答

思路： 气象学家使用风速仪来测量风速和风向，这些仪器能够帮助气象学家研究天气。同时，风速仪还可以帮助气象学家判断风力有多强、风是如何运动的。在这个实验中，你将会使用陀螺玩具和硬纸板等工具来制作一个简单的"风速仪"。通过这个实验，你可以测量你家附近的哪个位置风最大。

注意： 使用剪刀时要小心。

材料：

- 尺子；
- 纸；
- 剪刀；

- 胶水；
- 陀螺。

步骤：

1. 使用尺子，在纸上画出3个长方形。每个长方形的长为10厘米，宽为5厘米。使用剪刀剪下这3个长方形，作为风速仪的叶片。

2. 把3个长方形按照同样的方式摆在陀螺上。如上页图，短边覆盖陀螺圆圈的直径。每个长方形放在陀螺中心的角编号为1，其他3个角按照逆时针的顺序编号分别为2~4。

3. 把编号为1的那一角放在陀螺中央，3个直角的顶点相交。编号为1和2中间的部分覆盖住陀螺圆圈的直径，3个长方形都这么做。

4. 把编号为4的角拉起来叠在一起，用胶水把编号为4的角都粘在陀螺的中央。编号为3的角指向陀螺外侧。

5. 向"风速仪"的叶子吹一口气，看它能不能在风中旋转。

观察： 你把"风速仪"放到风中时，你观察到了什么？

延伸： 现在你已经制作了自己的"风速仪"，可以在你家周围测试一下风速。有没有地方有狭管效应，即风流经狭窄的空间进入另一个地方，有没有地方是完全没有风的？

怎么样和为什么： 这个"风速仪"通过风来旋转。你可以使用这个简单的装置来测量风速。"风速仪"转得越快，风速越大。然而，如果你需要测量具体的风速，你需要有一些专门的计量仪器。

2. 巨浪

观察

思路： 风暴潮是飓风引起的大量潮水拍向海岸。风暴潮会造成严重的损失。在这个实验中，你将会在塑料桶中制作你自己的风暴潮。当风吹过，你认为桶里的哪个位置遭受的损失最严重？

 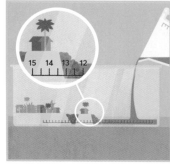 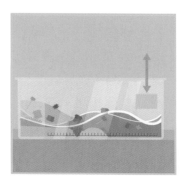

注意： 当你使用吹风机或者电扇的时候，注意不要把电器弄湿了。

材料：

- 一袋（18~22千克）沙子；
- 透明的大储物箱；
- 水；
- 海绵；
- 代表房屋的物品；
- 代表动物、人和车的玩具；
- 塑料吸管；
- 可擦的水彩笔；
- 木头、电风扇或吹风机；
- 毛巾。

步骤：

1. 把沙子倒进大储物箱，让沙子占据塑料容器一半的地方。沙子代表陆地。

2. 倒一点水到沙子里，稍微湿润一下沙子。用手指在沙子中间挖一条弯曲的"河流"，河流的末端是"大海"。你可以再挖几条"小支流"。

3. 在河流的两边，把沙子挖得稍微低一点。把湿润的海绵放在这些区域，这个区域代表盐沼。你还可以在海边制造湿地。

4. 用湿润的沙子制作一个圆形的小岛。小岛距离河流入海口几厘米，不能阻塞河口。

5. 往容器里"海洋"的一侧加水。加足够的水，小岛的四周都是水，河口也需要一些水。

6. 在岛屿上和河岸边放一些房子、动物、人和车。你可以使用塑料吸管作为房子底下的柱子。

7. 在容器外侧，用水彩笔每隔1.25厘米做一个记号，标注0、1、2、3……

8. 如果你使用木头，在水里缓缓地上下移动木头，制造海浪。如果你使用吹风机或者电风扇，开小挡。将吹风机或者电风扇与塑料容器保持一定距离，制造海浪。如果有水溅出来，使用毛巾擦干。

9. 观察发生了什么。

观察： 岛屿上、盐沼上、陆地上发生了什么？人、车、动物和房子怎么样了？

延伸： 快速地上下移动木头，或者把吹风机/电风扇的挡位开大一些，制造更大的海浪。制作更多的岛屿或者更多的沼泽。如果岛屿远离大陆，会发生什么？

怎么样和为什么： 建设障壁岛是保护岸边社区免受风暴潮破坏的方法之一，就像我们在实验中制作的圆形岛屿。障壁岛吸收海浪的波浪能，减弱到达海岸的波浪。植被沼泽吸收海浪的能量，减弱海浪的高度，就像在这个实验里的海绵。

3. 追踪飓风

到户外去

思路： 北美洲的夏天，热带气旋从洋面上吸取能量，部分热带气旋变成了飓风，这个时间段也被称为"飓风季"。在这个实验中，你会看一些关于热带气旋的新闻报道，预测哪些会发展成飓风。你认为哪些因素会让热带气旋汲取能量，发展为飓风？

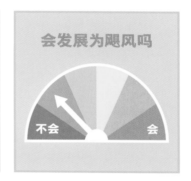

注意： 上网的时候找一个成年人陪你。

材料：

• 可以追踪报道热带气旋的网络电视或计算机；

• 铅笔或钢笔。

步骤：

1. 查看电视新闻或者互联网，了解哪些热带气旋在大西洋生成。

2. 每天都追踪一下热带气旋的位置、风速、海温等信息，记录在表格里。

3. 预测一下每个热带气旋是否会发展为飓风，写下你的预测。

4. 在表格里记录热带气旋是否变成了飓风。

观察： 变成飓风的热带气旋有什么特点？风速如何？海温如何？

延伸： 查看一下过去几年变成飓风的热带气旋的记录，使用这些信息来做预测。

怎么样和为什么： 气象学家使用卫星云图追踪热带气旋。他们同时使用风速和风向来判断气旋的移动方向和移动速度。这些信息能让气象学家预测气旋的前进方向。然而，有时候气旋是很难预测的。气象学家尝试在气旋登陆前一两天发布飓风预警。有时候，气旋在一个无风区域停留好几天。所以预测气旋并不是一件简单的事情。

热带气旋的名称	位置	风速	海温	预测：是否会发展成飓风	结果：是否发展成了飓风

第11章

野火

火是很多自然生态系统的正常组成部分。比如，干燥的厚树枝在大火中燃烧，才能为健康的新生植物腾出空间。松树等树木的种子需要火的高温才能破壳而出。

野火一般是指野外的植物着火。有时候，野火不受控制，扩散速度极快，摧毁了附近的房屋和环境。在自然界，大部分野火是由闪电点燃的。然而，现在很多野火不是自然因素造成的，而是人类活动造成的。

受气候变化影响，地球上温度更高，植物更加干燥，野火更加容易失去控制。当野火不受控制的时候，扩散速度极快，对人类和其他生物造成很大威胁。

野火经常在远离城市的郊区蔓延。郊区有很多植物，正好为野火燃烧提供了燃料。野火也经常在风速大、温度高、降水少的区域发生。这些气象条件让树木等植被变得干燥，更容易燃烧。

在南极洲，野火从未发生。因为南极洲是由冰块和岩石组成的，没有供野火燃烧的燃料。

野火是如何形成的

野火都是由星星之火点燃的。在自然界，当闪电触碰到干燥的草地时，很容易产生火星。然而，现在很多火星是由人类活动造成的。烟花和营火是造成野火最常见的原因。

当火星产生后，遇到草、树枝等大量燃料，就会发展成野火。也就是说，只要有足够的燃料，野火就会发生。常见的燃料包括草地、森林等。茂密的森林里有成片的树、大量的枯树叶、大片的植被，为野火的发展提供了充足的燃料，使得火势蔓延、不受控制。

然而，不只是地面上的植被会为野火提供燃料，地底下的树根和其他植被也会点燃野火。**地下火**是野火的一种类型，地下的植被燃烧，释放出滚滚浓烟。

地下火可以持续地闷烧几个月，在这几个月里，人们在地面上看不到任何火焰。当火开始燃烧地面上的叶子和草的时候，就成为了**地表火**。野火甚至会在树顶和灌木丛暴发。这种类型的火叫作**树冠火**。

野火和气象有关联吗？当然有了！天气状况影响火势蔓延的速度。高温、大风、降水少造就了更干燥的环境，利于野火发生。

在炎热的天气下，落下的树枝和树叶很快就被太阳晒干了。这为野火的发生和发展创造了大量的燃料。温暖的室外温度也促进燃料着火，并且燃烧得更快。这也是大部分野火在炎热的下午燃烧得最旺盛的原因。

不幸的是，人类活动引起气候变化，野火变得越来越常见。温暖的天气让植被干燥，更加容易着火。现在，加利福尼亚州火灾季的时间比数十年前长了75天。

风也是野火形成和发展的重要影响因素。野火不仅仅需要火花和燃料，而且需要氧气。当风吹到火上，带来了更多氧气，引起火更快燃烧，同时风还能改变火势发展的方向。

虽然我们不能改变天气，但是我们可以采取措施严防火灾。因为火的燃烧需要火星和燃料，我们可以努力控制火星和燃料。

是天气还是气候

就像我们在本书前几章里学到的一样，天气和气候是不同的，它们之间最大的不同是时间。天气描述了一个区域从几分钟到几天的大气状态，气候描述了一个区域在几十年、几百年或者更长时间内地球大气的平均状态。

科学家是如何综合几年的天气状况来判断一个区域的气候特征的呢？首先从海量的天气观测开始。在世界范围内，人们通过气象站收集每天的天气信息，比如每天的最高温度、最低温度、降水量等。

从观测数据到气候信息，还需要一系列工作。气象学家和政府机构收集所有的天气信息，然后开始计算。比如，通过计算每天气温的平均数，得出日平均气温。把每天的降雨量相加，计算出每个月的降雨量，等等。

气象学家将某个区域的平均数和总数与过去几年的数据进行比较，查找这个区域的气候特征。比如，数据显示，在某个特定区域，1月是湿润寒冷的，8月是炎热干燥的。他们同时将这个区域的状况和其他附近区域的状况进行比较。

为什么气候信息如此重要？这是有很多原因的。比如，政府需要气候信息来规划能源和水资源的利用情况、道路建设、极端天气中的安全保障等。

当我们点营火或者放烟花的时候，要遵守安全指示，以免引起火灾。我们可以采取措施，控制燃料的数量。比如，我们房屋的周围不能种太多的植物。你车库的外面是否有很多枯枝落叶？把它们收拾干净吧！你家门口是否有干燥的草地？使用割草机修剪一下吧！

森林护林员的工作之一是防范森林大火。在自然界，森林和草地着火是一种自然过程。护林员采取行动让野火发生在小范围内。小火把枯枝败叶清理干净，新生的健康植物就获得了更多的生长空间。如果小范围内的火一直没有发生，枯枝败叶就会粘在一起，为野火提供了大量燃料。

天气指数

美国加利福尼亚州的很多地区的气候是炎热干燥的。因此，野火经常发生。2018年，加利福尼亚州发生了一起造成严重损失的森林野火，被称为营火火灾（Camp Fire），吞没了天堂镇。

导致火灾的是一根坏了的电线，大火整整燃烧了两周。火势迅速蔓延，每分钟燃烧的区域相当于80个足球场。这场大火蔓延的速度太快，4小时内几乎吞没了整个天堂镇。大火造成85人死亡，影响的区域面积相当于一个芝加哥。

为什么这场大火火势这么强，蔓延速度这么快，造成的损失这么惨重？不幸的是，天堂镇附近的环境以及当天的天气情况正好适合火势的加强。当时，整个区域的降水量低于平均值，在附近有大量的干燥植被，风速也很强——达到100千米/时。

火灾后的重建非常艰难。这场大火摧毁了天堂镇内外11000间房屋。一年后，只有11间房屋重建起来。火灾后，房屋资源很少，90%的人口搬出了天堂镇，甚至很多人搬到了其他州。

参与进来

　　野火很可怕也很危险，但是我们可以通过安全的实验来了解野火。在这些实验里，你可以了解风在野火蔓延中起到的作用，消防员是如何判断野火源头的，我们如何让花园变得更加安全。找一位成年人帮你一起完成实验，准备好你的工具，让我们开始探索吧！

1.野火的特征

快问快答

思路：野火是如何爬升的？风为什么能够增强火势？在这个实验中，你可以将蜡烛倾斜一个角度，再对着火苗轻轻地吹气。你认为会发生什么？

注意：找一位成年人帮你点燃火柴，点燃蜡烛。注意蜡烛滴下来的蜡，它可能会烫到你。

材料：

- 蜡烛；
- 火柴。

步骤：

1. 让成年人帮你用火柴点燃蜡烛。

2. 把蜡烛倾斜一个角度，对着蜡烛轻轻吹气。

3. 观察火焰的变化。

观察：当你向蜡烛轻轻吹气时，火焰的形状有什么变化？火焰更强了还是更弱了？

延伸： 增加蜡烛的倾斜角度，向火焰轻轻吹气。当蜡烛倾斜的角度发生变化时，火焰的形态如何变化？

怎么样和为什么： 火的燃烧需要氧气，风为火的燃烧增加了氧气，增加了火势蔓延的速度。因此，当你向火焰轻轻吹气时，你为火焰输送了氧气，促进了燃烧过程。当你倾斜蜡烛时，无论哪种角度，火焰仍然垂直向上。在自然界，野火向上燃烧的速度比向下燃烧更快。因为火已经加热了其上方的区域，这片区域更加易燃。

2. 追踪火情

观察

思路：在自然界，野火产生的烟可以"旅行"几千千米，从而影响这个大陆的空气质量。烟随着风前进的方向前进。卫星可以追踪烟的前进路线。在这个实验中，我们使用有香味的蜡烛代表野火，用鼻子代替卫星来追踪气味。让一位成年人帮你点燃蜡烛，你可以从户外走进房间，寻找蜡烛的位置。你可以追踪气味在房间里扩散的路径。你认为是什么因素影响烟的传播路径呢？

  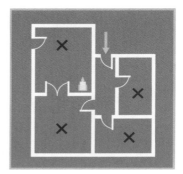

注意：使用火柴和蜡烛时，找一位成年人帮忙。注意蜡烛滴下来的蜡，它可能会烫到你。

材料：

- 火柴；
- 纸；
- 有香味的蜡烛；
- 钢笔或铅笔。

步骤：

1. 让一位成年人帮你点燃蜡烛，放在房间里。同时，你闭上眼睛或者在房间外等。

2. 睁开眼睛或走进房间，用鼻子闻一闻香味，通过嗅觉找到蜡烛。

3. 追踪蜡烛的位置。

观察： 哪个房间/位置有蜡烛的味道？你需要花多长时间才能找到味道的源头？

延伸： 再做一遍这个实验。让一位成年人点燃2根不同香味的蜡烛。看看你是否能够找到蜡烛。

怎么样和为什么： 在现实生活中，科学家使用直升机和卫星来追踪野火。他们通过寻找最浓的烟来定位火的源头。在这个实验里，你可以使用类似的技巧，通过嗅觉来寻找蜡烛的位置。

3.种植符合消防安全的植物

到户外去

思路： 虽然你不能阻止吹来的风，但是你可以将你家附近的环境打造得更加安全。在这个实验里，你将设计一个符合消防安全的花园。除了种植合适的植物，还有什么你可以做的？

以下是几种符合消防安全的植物：

- 苔藓
- 浆果
- 耧（lóu）斗菜

- 熊果
- 冬青
- 野生天竺葵

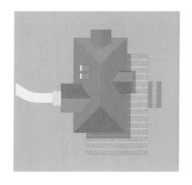

注意： 没有！这个实验适合所有年龄段。

步骤：

1. 使用笔和纸画出你家的俯瞰图。

2. 在房屋的周围，画出花坛的位置以及符合消防安全的植被。注意设计一些防火的要素，你设计的元素要在受人欢迎的同时保证消防安全。

观察： 当你设计花园时，需要考虑什么因素？这项工作困难吗？

延伸： 参观你们当地的花园。这些花园符合消防安全吗？是否需要改进？如果你发现你自己家的花园有改进之处，与父母谈谈，说说哪些地方需要改进以及这么做的原因。

怎么样和为什么： 随着人们居住的区域不断拓展，更多荒野地带建造起房屋和社区，人们也可能会带来一些他们之前居住环境中的植物。人们总是希望种植自己喜欢的植物，然而，如果将外来植物引入新的环境，可能会出现一些问题。一般来说，炎热干燥的环境只适合部分种类的植被。如果你引入外来植物，它们可能会很快枯萎，造成火灾隐患。

第12章

冰暴

　　如果你在一个冷飕飕、灰蒙蒙的日子里望向窗外，你可能会发现外面有降水，但是既不像下雪，又不像下雨。过了一会儿，你的窗户被一层薄薄的晶莹剔透的冰覆盖了。你是否遇到过这种现象？如果是的话，你经历的可能是冰暴。

　　冰暴指的是6.35毫米及以上厚度的冰覆盖在地面、房屋、车辆等物体表面的天气现象。只要天气条件合适，冰暴可以在任何地方发生。然而在美国，东北部最容易出现冰暴。

　　虽然6.35毫米的冰并不能说是自然灾害，但仍然会带来危害。即使是薄薄的一层冰，也会引起道路湿滑，造成车祸。如果冰的重量更重，电线可能会被压坏，造成大范围的停电。

冰暴是如何形成的

冰暴是暴风雪和大雨的结合体，与其他类型的降水一样，水蒸气在大气层中上升，形成了云，才产生了冰暴。

然而，接下来发生的事情有点复杂。与下雨和下雪不同的是，冰暴时降下的是两者的结合体。与其他降雪的云一样，形成冰暴的云是由冰晶组成的。当小冰晶聚在一起，变得越来越重，像雪花一样落下来。雪落下来的时候，经过了一层暖空气。这股暖空气让雪花融化，成为了雨。新形成的雨落到地面，在近地面遇到了低于冰点的冷空气。

如果雨在落地前结冰，就变成雨夹雪。然而，如果雨在落地前没有结冰，就变成了**过冷水**。也就是说，即使温度低于冰点，水仍然保持液态的形式，直到雨水落到其他物体表面，形成了冰。这就是冻雨，也是形成冰暴的元素。

冻雨落下，景色很美。到处都被冰覆盖，就像进入了闪闪发光的冬季仙境。但是千万不能忘记，冰暴很危险。即使是一层薄薄的冰，道路也会变得像溜冰场一样。车辆遇到停车标志无法正常停车，甚至滑下道路。厚厚的冰开始累积，冰的重量变大。

冰的压迫可能会让树枝的重量增加近30%，也可能会让约200千克的重量压在电线上。如果大风吹过，情况会更糟。树枝会被折断，掉到房子上，掉到街道上。电线会由于承受太重的重量而断裂，会造成大范围停电。

停电在任何时候都可能带来危险，但是在冬天尤其危险。人们需要几天到几周的时间修理电线，让社区的电力恢复。

如果气温低于0摄氏度，那么住在停电社区的人就会由于没法用电取暖而影响正常生活，甚至危及生命。

流行文化小测试

在迪士尼电影《冰雪奇缘》中，艾莎公主具有神奇的超能力。她可以在任何时间、任何地点制造冰和雪。她可以使用超能力堆雪人，她甚至建造一个可以居住的冰雪城堡。

我们知道，这部电影不是基于现实的。那么，让我们看看电影里艾莎公主的超能力与现实中的冰暴威力有什么相同和不同之处。

请完成以下判断题：冰暴的产生是因为魔法师可以制造出冰雪。

错误。这道题很简单。在现实生活中，没有人可以按照需求控制天气，包括冰暴。到底是什么因素造成了冰暴？主要原因是冻雨。只有合适的天气条件，才能自然地产生冰暴，这与魔法无关。

在电影里，有一个场景，艾莎公主在冰雪森林里遇到了雪宝，树枝被冰雪覆盖，这也可以在现实中发生。

正确。当冰暴席卷小镇，冻雨覆盖了几乎所有的物体表面，包括树枝表面。在电影里，低垂的树枝像垂柳一样。你可以将电影里的场景与现实中被冰覆盖的树枝的照片对比一下。

天气指数

　　1998年1月，美国新英格兰的部分地区、纽约部分地区以及加拿大南部地区发生了北美历史上一次非常严重的冰暴。为什么这次冰暴影响这么大？这场冰暴带来的冰累积了约7.5厘米厚，造成了严重影响。这个区域内几百万人遭遇了停电。同时发生了道路结冰，树枝被折断，电线断裂了，交通出行非常困难。

　　修复这场冰暴造成的损失花费了上亿美元。在美国和加拿大，这场冰暴造成了40人死亡，1000多人受伤。受冰暴影响最大的社区花了几周时间才维修好电线，恢复了电力。然而，修复附近的森林花费了更多的时间。20%的树在这场冰暴中死亡或者受到严重损伤，更多的树受到了轻微或者中度伤害。

　　随着气候变化，极端天气事件发生得更加普遍。造成严重损失的冰暴在美国和加拿大发生得更加频繁。

参与进来

　　如何去除道路上的冰？冰是如何压断电线的？雨是否会在空气中结冰？在接下来的实验中，我们将回答这些问题。

1. 结冰的人行道

快问快答

思路： 冰暴来临，道路结冰，步行困难，交通不便。人们通常使用盐来使道路上的冰加速融化。这是我们最好的选择吗？在接下来的实验里，我们将找到答案。

  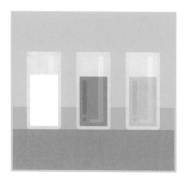

注意： 将地上的水拖干，小心地滑。

材料：

- 冰块；
- 铅笔或钢笔；
- 塑料盒；
- 糖；

- 盐；
- 甜菜汁；
- 黄瓜汁；
- 钟表等计时器。

步骤：

1. 把冰块放在塑料盒里。

2. 把盐撒在冰块上。

3. 用计时器计时，观察融化一半的冰块所需要的时间。在下面的表格中记录时间。

4. 使用糖、甜菜汁、黄瓜汁再做一遍实验，使用甜菜汁和盐的混合汁再做一遍实验。

延伸： 你再试试其他材料，观察冰块融化的速度。

怎么样和为什么： 几十年来，人们使用盐来融化道路上的冰。为什么盐能发挥作用呢？盐降低了冰的熔点。也就是说，即使温度在0摄氏度以下，撒了盐后，冰仍然会融化。黄瓜汁里面含有盐，发挥的作用与盐相同。糖和甜菜汁大概没有什么作用。然而，盐和甜菜汁的混合物是黏黏的，还可以融化冰。现实生活中，人们常用盐和甜菜汁的混合物来融化道路上的冰。

材料	融化一半的冰所需要的时间
盐	
糖	
甜菜汁	
黄瓜汁	
甜菜汁和盐的混合汁	

2.很重的冰

观察

思路： 冰暴造成危险的情况有很多，比如压断电线或压倒电线杆。在这个实验里，你会了解为什么冰会压倒电线杆而雨不会。你认为需要多少冰块才可以压倒实验里用的电线杆？

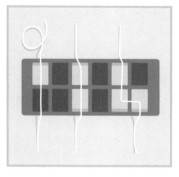  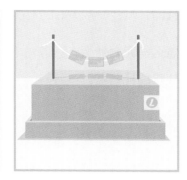

注意： 在给鞋盒戳洞的时候，找一位成年人帮忙。

材料：

- 3条鞋带或绳子；
- 鞋盒；
- 冰格；
- 筷子；
- 水。

步骤：

1. 如上图，把一条鞋带/绳子放在冰格里，鞋带的中段放在一个冰格内。把有鞋带的这一格倒满水。把第2条鞋带放在冰格内，把鞋带中段放在两个冰格内，把有鞋带的这两格冰格倒满水。把第3条鞋带放在冰格内，把鞋带中段放在3个冰格内，把有鞋带的这3格倒满水。

2. 把冰格放进冰箱冷冻室内，等待水冻成冰块。

3. 把鞋盒正面朝下放在地上，鞋盒底部戳两个洞。把筷子插进洞里，代表柱子。

4. 当绳子上的水结冰后，首先拿出冻住一块冰块的第1条绳子，把绳子两端系在筷子顶端。再换成冻住两块冰块的第2条绳子和冻住三块冰块的第3条绳子，重复这个实验。

5. 观察哪一条绳子（一块冰块的/两块冰块的/三块冰块的）会让筷子倒下。

观察： 如果你使用更多的冰块，会发生什么？什么时候筷子会倒下？

延伸： 设计一条更好的电线。为了防止被冰块压垮，你需要如何设计电线？

怎么样和为什么： 冰暴对电线和树造成的危害比雨水大很多，并会压断电线，甚至造成电线杆倒塌。

3.结冰的泡泡

到户外去

思路： 不仅是天空中落下的冰雪会造成危险，在非常寒冷的天气中，即使是少量的降雨也会让道路结冰。在这个实验里，你会看到，泡泡形式的水很容易结冰。如果泡泡在接触地表前就结冰了，你认为会发生什么？

注意： 在寒冷的天气外出，一定要注意保暖。

注释： 不是每个人居住的地区冬天都寒冷。这个实验只能在严寒环境中完成。如果你住的地方冬天不够寒冷，你可以找住在寒冷地区的朋友帮助你完成这个实验。你们可以通过视频连线的方式完成实验。

寒冷天气指零下23摄氏度的天气或更冷的天气。

材料：

● 泡泡液；

● 吹泡泡的塑料棒。

步骤：

1. 穿上厚衣服出门，带上泡泡液和泡泡棒。

2. 蘸一下泡泡液，吹泡泡。

3. 观察泡泡是否结冰，落地时又发生了什么。

观察：泡泡结冰了吗？为什么？落地时发生了什么？

延伸：如果你吹出的泡泡大小不同，结冰所用的时间是否不同？泡泡从不同的高度落地，会有什么不同？

怎么样和为什么：水滴落下的过程中遇到了近地面的冷空气，变成了过冷水，在物体表面结冰，形成了冻雨。在这个实验中，泡泡就像冻雨，在近地面的冷空气中结冰。

第13章

是天气吗

现在我们已经学习了地球上几乎所有的天气现象。你大概会思考，地球上最危险的天气是什么？

继续读下去，寻找你的答案。

2018年的美国，782人死于气象灾害，1797人因为气象灾害受伤。飓风和龙卷风造成了大量损失，但这却不是对人们生活影响最大的气象灾害。2018年，造成最严重伤亡的气象灾害是高温和严寒。

2018年，美国发生了14起气象灾害，每起气象灾害都造成了上亿美元的经济损失。这些气象灾害包括干旱、龙卷风、飓风、冰雹等。

不幸的是，极端天气发生得越来越频繁。近几年，气象灾害发生的次数上升，造成的损失增加。造成这种现象的原因很复杂，其中气候变化是一个重要原因。气候变化导致极端天气事件频发，造成更大损失。

气候发生变化，天气随之改变。我们需要理解大气层发生了什么。通过阅读本书，你已经了解了天气基础知识。但是，我们需要学习更多的知识来了解如何应对未来的天气事件。

幸运的是，气象学家一直在研究对于天气和气候的适应方案。他们通过多普勒雷达、卫星、气象站、探空气球、数值预报模型等工具研究大气状况，从而判断未来天气。

他们是如何开展研究的？他们最主要的目标是提高天气预报的准确率。目前，气象学家可以准确预报几天后的天气。这对于你规划未来几天的户外活动非常有用。最重要的是，提前几天预报极端天气，为人们赢得了准备的时间。比如，人们可以提前撤离可能会被气象灾害影响的地区。

科学家们已经达成共识，人类活动是造成全球变暖和气候变化的原因之一。气候变化的时间跨度很长。现在的地球平均气温比我们祖辈出生时上升了1~2摄氏度。我们为什么需要关注气温上升呢？

这的确非常重要。虽然在温暖的春日里，22摄氏度和23摄氏度对你来说差别不大。但在全球范围内，平均气温变化1摄氏度会造成很大变化。

比如说，随着全球变暖，极端天气事件增加。1980—2014年，全世界范围内的极端天气事件从每年300次上升到每年900多次。因此，气象学家和其他科学家正在努力建设和提升预警系统，从而减少损失。

随着气候变化，地球上炎热的区域将更加炎热。气象学家研究哪些区域气温上升幅度最大，从而帮助人们做好相应准备。比如，气温上升幅度较大的区域需要更多的水资源，需要更多的能够处理相关疾病的医疗人员。

气候变化的另一个结果是海平面上升。随着全球变暖，冰川消融，海洋中的水增加，海平面上升。过去100年，海平面上升了大约18厘米。

海平面上升对沿海地区造成了威胁。当风暴带来大浪，海平面高的区域会遭受更大的损失。科学家们使用很多工具追踪海平面的变化，研究影响海平面上升的因素。

现在，你可能没法获得卫星、多普勒雷达、飞机上的气象信息，气象学家和科学家会使用这些工具来研究大气，但你可以在家里使用更简单的工具来研究天气。

例如，在本书中，你可以通过做实验来了解以下知识：

- 云的形成
- 气压变化
- 水循环
- 沙尘暴中的颗粒运动
- 雷暴的形成过程

虽然只是模拟，真正的云比你做实验用的罐子大多了。但是实验中蕴含的科学原理与大气中发生的一样。

我希望，下次你再遇到下雨天，或者感受到春风拂面时，你会想起你在本书做过的实验。通过阅读本书，你会变得更加自信，从"十万个为什么"的疑问会变成"我知道为什么"的自信。

理解大气现象和认识天气的成因不是一件容易的事情。即使你读完了整本书，做完了所有实验，你也有可能没有完全理解其中的内容。但是，我希望阅读这本书能增强你的好奇心。也许你会产生新的"为什么"，那就尝试用实验来解决你的疑问。

无论你未来准备做气象学家、艺术家还是厨师，天气都与你的生活紧密相关。你现在已经懂得了很多天气现象背后的科学原理。

谢谢你和我一起学习，希望你在未来的学习中能够享受探索的乐趣！

术语表

平流雾：当暖湿空气平流到较冷的下垫面上，下部冷却而形成的雾。

气溶胶：烟、花粉、浮尘等飘浮在空中的颗粒。

气压：大气压强的简称，是作用在单位面积上的大气压力，即等于单位面积上向上延伸到大气上界的垂直空气柱的重量。

大气层：围绕地球旋转的一层气体和颗粒。

雪崩：大量的冰和雪沿陡峭山坡崩滑。

气压计：测量气压的仪器。

气候：一个区域在几十年、几百年或者更长时间内地球大气的平均状态。

气候变化：温度、降水量等平均天气状况在几十年、几百年，甚至更长时间内的变化。

冷锋：冷气团向暖气团移动，使得暖气团抬升。

凝结：气态物质转化成液态的过程。

科里奥利效应：由于地球自转，大气运动受到科里奥利力的影响，北半球的风向右偏，南半球的风向左偏。

树冠火：燃烧树木或灌木丛顶部的树叶和树枝的野火。

赤道无风带：出现在赤道附近对流层底层风向多变的弱风带或无风带。

下沉气流：从上向下运动的气流。

干旱：一个区域的降水量长期低于正常水平的状态，常常引起水资源短缺。

沙尘暴：强风卷起地上的沙尘，沙尘随风卷入空中，落到其他地方，使得空气浑浊。

蒸发：液态物质转化成气态的过程。

突发性洪水：由暴雨引起的水位骤升，常造成房屋被淹，人群受灾。在砖石地面的城市比较普遍。

冰川：在流动作用的影响下，形成的巨大的陆地冰的天然堆积物。

温室效应：大气通过对辐射的选择吸收而使地面温度上升的效应。

全球变暖：由于大气温室效应的影响，地球表面海洋、大气的平均气温上升。

温室气体：在地球大气中，能让太阳短波辐射自由通过，同时吸收地面和空气放出的长波辐射（红外线），从而造成近地层增温的微量气体。包括二氧化碳、甲烷、氧化亚氮、氯氟烃等。

地下火：地下的植被等有机物燃烧而形成的地下的火。

湿度：空气中的水汽含量。

飓风：在大西洋北部海域和太平洋东部海域的暖水上形成的快速旋转的强风。

假设：在科学实验里，假设指的是事物发展的原因的猜想。

冰雾：在极端寒冷的天气下，水蒸气直接变成小冰晶，而不是小水滴，这种条件下形成的雾。

冰暴：6.35毫米及以上厚度的冰覆盖在地面、房屋、车辆等物体表面的天气现象。

急流：大气中的高速气流带。

气象学：研究大气及其变化，大气如何影响天气的科学。

季风：由于大陆和海洋在一年之中增热和冷却程度不同，在大陆和海洋之间大范围的、风向随季节有规律改变的风。

自然灾害：造成财产损失和人员伤亡的自然现象，严重的自然灾害能破坏房屋、道路甚至整座城市，造成人员伤亡，彻底影响人们的生活。

降水：大气中的水汽凝结后以雨雪等形式从云中落下。

辐射雾：地面辐射冷却所造成的雾。夜间地面辐射冷却，使贴近地面的空气层中的水汽达到饱和，凝结成雾。

科学方法：科学家用来了解自然现象成因和世界运转原理的一系列方法和程序。

雪檐：风将雪吹向悬崖边，创造了悬崖上的冰雪。

融凝雪：经过融化、蒸发等过程而形成的紧密的雪。

蒸汽雾：水汽进入温度比水汽源温度低得多的空气中形成的雾。在冷空气流经暖水面上方时比较多见。

超级单体：非同寻常的巨大的旋转的雷暴。

过冷水：虽然低于冰点，水仍然保持液态，接触表面时成为固态冰。

地表火：在地表燃烧草、灌木等植被的野火。

龙卷风：从雷暴云延伸到地面的旋转的空气柱。

信风：指的是在低空从副热带高压带吹向赤道低气压带的风。

热带气旋：在大西洋南部海域和印度洋海域暖水中产生的旋转的强风气旋。

台风：在西太平洋海域产生的旋转的强风气旋。

上升气流：热空气上升，大气中的气流上升。

谷雾：在山区形成的一种雾，通常在晚上的山谷出现。

暖锋：暖气团向冷气团移动。

水循环：地球上的水从土壤和海洋上升到天空，变成云，再形成降水返回土壤和海洋。

水蒸气：水的气态形式。

天气：对某一地区和时间点的地球大气状况的描述。

天气现象：天气事件，包括日常天气如小雨，也包括极端天气如飓风等。

气象卫星：从太空对地球及其大气层进行气象观测的人造地球卫星。

气象站：使用很多仪器在某一区域收集天气信息的工作站。

野火：燃烧植被而不受控制的火。

风：气温、气压的差异引起的空气的运动。

实验索引

致谢

感谢气象学家和科学家们为了解大气和气候变化所做的工作。极端天气发生的时间并不是固定的。气象学家们经常得在夜晚、周末、假期时研究、追踪、解释风暴。感谢你们为了物种安全和地球安全所做的努力。

感谢科技记者、科普作家、教育工作者将这些艰深难懂的知识转换为通俗易懂的语言。没有他们的帮助，本书就无法出版。

感谢我的丈夫。全靠你在周末独自照顾我们年幼的孩子们，我才有时间写作。这是一件很困难的工作，我很感谢有你陪伴。

杰茜卡·斯托勒-康拉德